辣椒

陈燕羽　罗劲梅　刘子记　主　编

绿色生产技术与优良品种

中国农业出版社

农村读物出版社

北　京

图书在版编目（CIP）数据

辣椒绿色生产技术与优良品种 / 陈燕羽，罗劲梅，刘子记主编 . —北京：中国农业出版社，2022.7
ISBN 978-7-109-29703-6

Ⅰ . ①辣…　Ⅱ . ①陈…　②罗…　③刘…　Ⅲ . ①辣椒—蔬菜园艺　Ⅳ . ①S641.3

中国版本图书馆 CIP 数据核字（2022）第 123216 号

中国农业出版社出版

地址：北京市朝阳区麦子店街 18 号楼
邮编：100125
责任编辑：丁瑞华　黄　宇
版式设计：杜　然　责任校对：刘丽香
印刷：三河市国英印务有限公司
版次：2022 年 7 月第 1 版
印次：2022 年 7 月河北第 1 次印刷
发行：新华书店北京发行所
开本：700mm×1000mm　1/16
印张：11.75　插页：8
字数：230 千字
定价：59.00 元

编委会名单

辣椒是一种重要的蔬菜作物和调味品,风味多样,营养丰富,含有多种维生素,深受消费者喜欢,可以鲜食、也可以进行加工,能促进食欲,还有一定的药用价值,具有重要的产业价值。我国是世界上最大的辣椒生产、消费和出口国。据统计,我国辣椒年播种面积 213.3 万公顷(3 200 万亩),总产量约 4 000 万吨,占世界辣椒总产量的 65% 左右,产值约 2 500 亿元,播种面积和产值均居蔬菜首位;我国食辣人口总数约 8 亿;每年出口干椒约 7.3 万吨。

随着社会的进步和人们生活水平的提高,居民消费结构不断升级,人们对绿色蔬菜的需求日益增长。而实际生产中,菜农在防治辣椒病虫害时主要依赖化学农药,易造成农药残留超标、病虫抗药性增强、菜田农药面源污染加剧等问题。2019 年 5 月,中共中央、国务院印发《关于深化改革加强食品安全工作的意见》,用"四个最严"的监督措施,即建立最严谨的标准、实施最严格的监管、实行最严厉的处罚、坚持最严肃的问责来加强食品安全工作,守护好人民群众"舌尖上的安全"。2022 年中央 1 号文件明确提出,将大力开展农业品种培优、品质提升、品牌打造和标准化生产提升行动。2022 年农业农村部制定了《农业生产"三品一标"提升行动实施方案》,新形势下给辣椒产业的发展提出了更高的新要求。辣椒产业作为我国第一大的蔬菜产业,开展辣椒绿色生产技术和优良品种推广,对保障大众的食品安全,全面推进辣椒产业升级和乡村振兴都具有非常重要的意义。

本书由相关专业专家团队编写,紧贴农业生产实际,深入浅出,图文并茂,通俗易懂,对基层农技推广人员和农户都有较强的实践指导意义。由于编者水平有限,文中难免有错漏之处,敬请读者予以指正。

本书受到农业农村部蔬菜病虫害绿色防控集成技术研究与示范项目(125A0608)、海南省自然科学基金项目(322MS132)资助,在此表示感谢!

书中所提供的农药、化肥施用浓度和使用量,会因作物种类和品种、生长时期以及产地生态环境条件的差异而有一定的变化，故仅供参考。实际应用以所购产品使用说明书为准，或咨询当地农业技术服务部门。

编　者

2022 年 3 月

前言

目
录

第一章

概　述

辣椒（*Capsicum annuum* L.），别名番椒、海椒、秦椒、辣茄，是茄科辣椒属植物，原产于南美洲热带草原，明朝末年传入中国，南北各地普遍栽培。辣椒具有非常良好的市场前景，目前全世界有 2/3 的国家种植和食用辣椒，食辣人群达 30 亿，全球辣椒和辣椒制品多达上千种。我国常吃辣椒的人口将近 8 亿，年需鲜辣椒 4 000 万吨。作为全球最大的辣椒生产、消费和出口国，我国辣椒产业的发展对全球辣椒产业的发展具有重要影响。

一、起源与分布

辣椒原产于南美洲热带地区，公元前 6500 至公元前 5000 年传入墨西哥，1548 年传入英国，1585 年传入中欧，1542—1598 年由葡萄牙人传入日本，17 世纪由葡萄牙人带到东南亚，明朝末年传入我国。明朝王象晋撰《群芳谱》（1621 年成书）中有"番椒""秦椒"的记载，北京的方言中辣椒就叫秦椒，至于辣椒一名始见于乾隆二十九年（1764 年）的《柳州府志》。传入中国的途径有两种：一是经丝绸之路，在甘肃、陕西等地栽培；二是经海路，在广东、广西、云南等地栽培。我国虽然不是辣椒的原产地，但在 20 世纪 70 年代在云南西双版纳原始森林里发现有野生型的"小米椒"。目前，辣椒在我国各地普遍种植，发展成为第一大蔬菜作物，年种植面积达 200 万公顷。我国是世界辣椒第一大生产国与消费国，种植面积约占世界辣椒面积的 55%，成为世界重要的栽培区域带。辣椒在我国南北方均有较大面积栽培，栽培区域包括甘肃、陕西、河南、河北、辽宁、湖南、湖北、四川、江西、贵州、云南、福建、广东、广西、台湾、海南等地。北方主栽品种包括牛角椒、高品质的大果型黄皮椒、厚皮甜椒等；南方则以辛辣型品种为多，主要品种类型包括线椒、朝天椒、薄皮泡椒、羊角椒等。

二、营养价值与用途

辣椒是人们喜欢食用的调味品，常以鲜青椒或干椒供应市场。辣椒果实中含有丰富的蛋白质、糖、有机酸、维生素及钙、磷、铁等矿物质，其中维生素C含量极高，胡萝卜素和辣椒素的含量也较高。据测定，1千克鲜食青椒中含碳水化合物50克、蛋白质12～20克、脂类4克、粗纤维20克、胡萝卜素7.3～15.6毫克、烟酸3毫克、维生素C 0.7～3.4克、钠20毫克、钙10～120毫克、磷280毫克、铁5毫克等。1千克干辣椒（如朝天椒）含蛋白质159克、水分100克、纤维素302克、糖类376克、脂类62克、铁23毫克、钙1.6克、磷3.7克，以及丰富的维生素A、B族维生素、维生素C等。辣椒具有独特的辛辣味，是因为其胎座中含有一种化学物质——辣椒素。

第二章

辣椒的生物学特征

一、植物学特性

1. 根

辣椒属浅根性植物，根系不发达，初生根垂直向下伸长，主要根群分布在10～15厘米土层中，侧根着生在主根两侧，与子叶方向一致，排列整齐，俗称"两撇胡"。主根长出后，不断分枝，形成一级侧根、二级侧根、三级侧根等。主根粗，根量少，根系生长速度慢，小苗长到2～3片真叶时，才能长出较多的二次侧根。根系木栓化较早，不易产生不定根，根系的再生能力较弱。根系通常在根的最前端有1～2厘米长的根毛区，其上密生根毛。根毛密度大、吸水能力强且有力，是根系中最活跃的部分。因此在生产中要注意促进根系不断产生新根，长出根毛。

2. 茎

辣椒茎直立生长，腋芽萌发力较弱，株冠较小，适于密植。主茎长到一定节数顶芽变成花芽，与顶芽相邻的2或3个侧芽萌发形成二杈或三杈分枝，分杈处都着生一朵花。主茎基部各节叶腋均可抽生侧枝，但开花结果晚，应及时摘除，减少养分消耗。在夜温低、生育缓慢、幼苗营养状况良好时分化成三杈的居多，反之则二杈较多。基部木质化，较坚韧。茎高因品种而异，一般30～150厘米，露地栽培时株高多在40～60厘米，辣椒分枝结果习性很有规律，可分为有限分枝和无限分枝两种类型。

①无限分枝类型。植株高大，生长健壮，主茎长到7～15片真叶后，顶端现蕾分化成花芽，花芽以下开始分枝，果实着生在分杈处，每个侧枝上又形成花芽和杈状分枝，生长到上层后，由于果实生长发育的影响，分枝规律有所改变，或枝条强弱不等，绝大多数品种属于此类型。前期的分枝主要是在苗期形成，后期的分枝主要取决于定植后结果期的栽培条件。

②有限分枝类型。植株矮小，簇生椒属于此类型。主茎长到一定节位后，顶部发生花簇封顶，顶部结出多数果实，花簇下面的腋芽抽生出分枝，分枝的

叶腋还可抽生副侧枝，在侧枝、副侧枝的顶部形成花簇封顶，植株不再分枝。

3. 叶

辣椒的子叶对生，扁长圆形，刚出土为浅黄色，逐渐变为绿色。在真叶出现之前，子叶是辣椒幼苗赖以生存的唯一同化器官，子叶生长好坏直接影响秧苗质量。

辣椒的真叶为互生单叶，卵圆形或长卵圆形，全缘，叶端尖，叶面光滑，微有蜡光，叶片可食用。接近子叶的第 1 对初生真叶需要 30 天左右才能达到叶面积最大，往后叶片达到最大叶面积需要 45～55 天。叶片的发育好坏与环境条件有关，其中温度、光照影响最大。

4. 花

完全花，花较小，花冠白色，为雌雄同花的两性花，单生、丛生或簇生，营养不良时短柱花增多，落花率增高，正常情况下多为花药和雌蕊柱头平齐或高出花药的正常花和长柱花；短柱花多授粉不良，落花落蕾率增高。花冠 5～6 片，基部连成一体，并有蜜腺吸引昆虫。雄蕊由 5～6 个花药组成，基部联合围生于雄蕊外面。花药长圆形，成熟后纵裂散粉。雌蕊由柱头、花柱和子房组成。柱头上有刺状隆起，便于黏着花粉。辣椒花芽分化在 4 叶期以前，因此，育苗应在 4 叶期以前分苗。辣椒属于自交作物，天然杂交率 10% 左右。

5. 果实

辣椒的果实为浆果，汁液少，果皮与胎座组织分离，形成较大空腔。由子房发育而成的真果，其可食部分是由子房壁发育成的果皮，由外果皮、中果皮及内果皮组成。辣椒果实形状和大小因品种不同差异很大，果形有灯笼形、方形、羊角形、牛角形、圆锥形等。小的只有几克，大的可达 400～500 克，辣椒果实的颜色一般嫩果和商品果为浅绿色至深绿色，生理成熟后转为红色或橙黄色，少数为紫色或咖啡色。有些品种果实成熟由绿直接转红，有些则由绿转黄，再由黄转红。五色椒是由于一簇果实的成熟度不同而表现出绿、黄、红、紫等各种颜色。

6. 种子

辣椒的种子呈扁平肾形，表面微皱，淡黄色或金黄色，有辣味。采种时如不及时晒干种子表面水分，种子会变成灰白色，甚至黑色，无光泽。中等大小的种子千粒重 5～7 克，每克种子粒数在 150～200 之间。种子寿命一般为 5～7 年，使用年限仅为 2～3 年。

二、生长发育规律

辣椒生育周期包括发芽期、幼苗期、抽蔓期和开花坐果期四个阶段，各时期生长发育特点不同。

1. 发芽期

从种子发芽到第一片真叶出现为发芽期，一般5～8天。这一阶段要经历种子吸水膨胀、胚根生长、下胚轴伸长、子叶出土等过程，要有良好的温湿度条件，并满足种子发芽对氧气的要求，栽培土壤应做到土壤温润、疏松透气、温度适宜。发芽期的养分主要靠种子供给，幼根吸收能力很弱，因此应选择饱满充实的种子作播种材料。

2. 幼苗期

从第一片真叶出现到第一个花蕾出现为幼苗期（彩图2-1）。幼苗期长短会因育苗方式和管理水平不同而有差异，一般阳畦育苗苗龄多为70～90天，温床或温室育苗为60～70天，温度适宜条件下苗龄仅40～50天。辣椒幼苗期又可分为两个阶段。

①营养生长阶段。从第一片真叶出现到具有3～4片真叶。这一阶段以根系、茎叶生长为主，是为下一阶段花芽分化奠定营养基础的时期。此期子叶的大小和生长质量直接影响第一花芽分化的早晚；真叶面积的大小及生长质量将影响花芽分化的数量和质量。应注意培育具有肥厚、深绿色子叶和较大真叶面积的壮苗。

②花芽分化及发育阶段。辣椒幼苗一般在3～4片真叶时开始花芽分化。从这时开始，辣椒幼苗根、茎、叶的生长与花芽分化和发育同时进行，一定量的根、茎、叶的生长是花芽分化和发育的营养基础。若环境条件不利，植株营养不良或茎叶徒长，会影响花芽的正常分化和发育。这一时期应给予充足的光照、适宜的温湿度条件，促进幼苗健壮生长，保证花芽分化和发育的顺利进行。

3. 开花坐果期

从第一花穗显露到门椒坐果为开花坐果期（彩图2-2），历时20～30天。这一时期是辣椒以营养生长为主向以生殖生长为主过渡的转折时期，也是平衡营养生长和生殖生长的关键时期，直接关系到产品器官的形成及产量，特别是早期产量的高低。若营养生长过旺，会引起开花结果延迟和落花落果，导致疯秧现象；反之，植株生长缓慢产量低。主要通过水肥等措施调节生长与发育、营养生长与生殖生长、地上部与地下部生长的关系，达到生长与发育均衡。

4. 结果期

从第一个辣椒坐果到收获末期属结果期（彩图2-3），此期开花和结果交错进行，经历时间较长，一般50～120天。这一时期是辣椒产量形成的关键时期，也是营养生长与生殖生长矛盾最突出的时期。结果期以生殖生长为主，并继续进行营养生长，需水需肥量很大。此期要加强水肥管理，创造良好的栽培条件，促进秧果并旺，连续结果，以达到丰收的目的。

三、对环境条件的要求

1. 温度

辣椒对温度要求较严格，喜温不耐寒，又忌高温暴晒，在气温 15～34℃ 的范围内都能生长，但最适温度是白天 23～28℃，夜间 15～20℃。白天气温 27℃ 左右对同化作用最为有利，而夜间 20℃ 左右最有利于同化产物的运转，并可减少呼吸消耗，增加光合产物积累。不同生长发育时期对温度的要求有差异，种子发芽的适宜温度为 25～30℃，温度超过 35℃ 或低于 10℃ 发芽不好或不能发芽；25℃ 时发芽需 4～5 天，15℃ 时需 10～15 天，12℃ 时需 20 天以上，10℃ 以下则难以发芽或停止发芽。幼苗期的适宜温度为白天 25～30℃，夜间 15～18℃ 最为有利，适宜的昼夜温差是 6～10℃，此间温度低于 15℃ 时，生长发育受阻，持续低于 12℃ 时可能受害，低于 5℃ 则植株易遭寒害而死亡；开花结果期的适温是白天 20～27℃，夜间 15～20℃，低于 10℃ 难以授粉，易引起落花落果；高于 35℃，由于花器官发育不全或柱头干枯不能受精而落花，即使受精，果实也不发育而干萎；进入盛果期适当地降低夜温对结果有利，即使气温降到 8～10℃，果实也能较好地生长发育。

2. 光照

辣椒喜光，但也较耐阴，对光照的要求因生育期不同而异。辣椒的光饱和点为 30 000 勒克斯，光补偿点是 1 500 勒克斯。种子发芽要求黑暗避光的条件。幼苗期要求较强的光照，光照充足，幼苗节间短、茎粗壮、叶片肥厚、颜色浓绿、根系发达、抗逆性强、不易感病。成株期要求中等光照，辣椒枝繁叶茂、茎秆粗壮、叶面积大、叶片厚，中等光照是此期开花结果多、果实发育良好、产量高的重要条件；光照不足，往往造成植株徒长，茎秆瘦长、叶片薄、花蕾果实发育不良，容易出现落花、落果、落叶现象。同时，要合理密植，防止枝叶相互拥挤；经常中耕锄草，防止杂草与辣椒争夺空间；光照过强则茎叶矮小，不利于生长，特别是露地栽培，强光直晒地面，根系发育不良，极易发生病毒病和日烧病。

理论上辣椒为短光照植物，但只要温度适宜，营养条件良好，光照的长短不会影响花芽的分化和开花。但在较短的日照条件下，开花提早。

3. 水分

辣椒既不耐旱也不耐涝，喜欢较干爽的空气条件。单株需水量不太多，因根系不发达，必须经常供给水分，并保持土壤较好的通透性，土壤积水或干旱均不利于辣椒生长。在气温和地温适宜的条件下，辣椒花芽分化和坐果对土壤水分的要求以田间最大持水量的 55％ 为最好。干旱易诱发病毒病，淹水数小时，植株就会萎蔫死亡。空气的相对湿度以 60％～80％ 为宜，过湿过干易引发病害影响正常的授粉受精，导致落花落果；空气干燥，又会严重降低坐果率。大果型辣椒品种，对水分的要求更为严格，进入开花坐果期后，若土壤干旱，水分不足，易引起落花落果，也影响果实发育，降低产量和品质。

因此，栽培辣椒时，土地要平整，浇水和排水都要方便，若在保护地栽培，通风排湿设施一定要好。

4. 土壤和营养

辣椒根系需氧量高，要求土质疏松、通透性好，切忌低洼地栽培，对土壤的酸碱度要求不严，pH 6.2～8.5 都能适应。辣椒需肥量大，不耐贫瘠，营养充足是其高产的保证。辣椒生育要求充足的氮、磷、钾营养，但苗期氮肥不宜过多，以免茎叶生长过旺，延迟花芽分化和结果。磷对花的形成和发育具有重要的作用，钾则是果实膨大必需的元素。生产上必须做到氮、磷、钾配合施用，在施足底肥的基础上，适时做好追肥，以满足提高产量和改善品质的需求。辣椒的耐肥能力不强，因此一次性施肥量不宜过多。

5. 气体条件

氧气对辣椒种子的发芽影响很大，若苗床土壤板结，或含水量太大，土壤中氧气含量低于 10％ 时，辣椒种子难以发芽。二氧化碳是叶片光合作用的原料，提高二氧化碳浓度，可促进光合作用，提高辣椒产量。棚室栽培，进行二氧化碳施肥，可使辣椒显著增产。工业废气中的二氧化硫、氯气、乙烯以及棚室栽培中施肥不当产生的氨气等有害气体，均对辣椒有毒害作用。

第三章

辣椒的健康栽培

一、种植前准备

1. 选地

辣椒适应性强，但根部对氧气的要求比较严格，它不耐旱，也不耐涝，为保证辣椒的产量和品质，辣椒的种植应尽量选择疏松、透气性良好、有机质含量较高、排水良好、保肥保水性强的中性壤土。

2. 翻耕晒垡

选好地后进行翻地，翻地深度 20~30 厘米，翻地后晾晒 7~10 天。晒地不仅能把土壤晒松，增强透气性，更重要的是通过晒地可把土里的害虫晒死。在南方为了进一步消除病害，对偏酸性的土壤，可以采用生石灰均匀撒施土上旋耕起垄，用膜盖住地面，通过高温杀菌，消除病害。

3. 高温闷棚

近年来，南方设施蔬菜栽培面积逐年扩大，由于保护地设施的不可移动性，造成蔬菜重茬现象严重，土传病害高发，尤其是线虫危害的地块，常造成严重减产，甚至绝收。利用盛夏高温季节，采取高温闷棚消毒，消除病菌、杀灭虫卵、清除杂草，减少病虫草害的基数，可为接下来的辣椒育苗和移植打下良好的土壤基础。

（1）高温闷棚的优点

①防治枯萎病效果好。该病原菌常在土壤中繁衍，当存活量较大时，就会引起枯萎病暴发。夏季高温闷棚对其有较强的杀伤作用，闷棚后表土 20 厘米深的土层中，90％以上的枯萎病镰孢菌会被消灭，故其难以在短期内积累到很大的病菌数量。因此，如能一年一度进行夏季高温闷棚的大棚，枯萎病很少发病，甚至不发病。②能有效防治卵菌病害。夏季高温闷棚对危害辣椒疫霉根腐病等卵菌病害有很好的防治效果。③减轻根结线虫危害。高温闷棚能杀灭10~20 厘米深的土壤表土中的根结线虫幼虫和卵。④能杀灭大棚内部附着的真菌类病原物，如大棚内附着的病原孢子和各种菌丝、菌核等，能明显减轻各种病

害。⑤高温闷棚杀灭了棚中部分杂草和杂草上的害虫，明显抑制叶螨、蓟马、蛞蝓等害虫，甚至不会大发生。⑥闷棚可使土壤中的有机质进一步分解，所以闷棚前施入土杂肥、粪肥、草肥等，经过闷棚后，其中有机质进一步分解，既发挥了肥效，也避免了生肥烧根。⑦有利于提高药效，并且降低残留。通过在闲茬棚室内适当施用低毒、低残留、光解快、易挥发种类的农药，既可以提高药效，又能够充分发挥高温强光的作用，把农药的残效期缩短降低农残。⑧有利于改良土壤。结合增加有机肥和秸秆的使用量，并科学配施一定量的发酵菌肥，可大大改善土壤结构，丰富团粒结构，降低板结，减轻、延缓盐渍化程度。

（2）高温闷棚的方法

①整地施肥。施有机肥，如鸡粪、猪粪、牛粪等，或利用植物秸秆如玉米秆、稻草等（切成3～5厘米长小段）。加入植物秸秆，需每亩相应增施15～20千克尿素，秸秆在腐熟分解过程中需要消耗一定量的氮素。有机肥亩*用量一般3～5吨，均匀撒施在土壤表面，然后深翻25～30厘米。有机肥如腐熟鸡粪、干牛粪等，有提高地温和维持地温的作用，使杀菌效果更好。地整好后，按照不同辣椒的种植方式起垄或做成高低畦，这样可使地膜与地面之间形成一个小空间，有利于提高地温。撒上有机肥，结合深翻，将地整平整细整好后起垄覆膜。

②药物处理。使用土壤熏蒸处理剂进行地膜覆盖土壤消毒，以杀死土壤中的病菌。选择高效低毒、环保无残留、不受温度限制的新型土壤熏蒸剂，既能杀死土壤中的根结线虫以及其他地下害虫和虫卵，还能杀死土壤中的真菌、细菌、病毒和杂草，对病虫草害防治效果显著。使用后改良土壤，根治重茬，促进生长，使辣椒植株健壮，不死棵、不烂棵、不易得病，增产显著。

③覆膜灌水。大棚内部四周做坝，地表覆膜后膜下灌水，水面最好高出地面3～5厘米，关好大棚风口，盖好大棚膜，防止雨水进入，严格保持大棚的密闭性，使地表以下10厘米处地温达到70℃以上，20厘米处地温达到45℃以上，达到灭菌杀虫的效果。土壤的含水量与杀菌效果密切相关，如果土壤含水量过高，对于提高地温不利；土壤含水量过低，又达不到较好的杀菌效果。实践证明，土壤含水量达到田间持水量的60%～65%时效果最好。

④密闭大棚。用大棚膜和地膜进行双层覆盖，地膜周围一定要用土封严盖实，并严格保持大棚的密闭性，防止薄膜破损泄露热气和温度，以免降低熏蒸

---

* 亩为非法定计量单位。1亩≈667米²。——编者注

效果。在这样的条件下处理，地表下 10 厘米处土壤最高温度可达 70～75℃，20 厘米处的地温达 45℃以上，此时地温杀菌率可达 80％以上。

⑤消毒时间。绝大多数病菌不耐高温，经过一段时间的热处理（一般为 10 天左右）即可被杀死，如立枯病病菌、菌核病病菌、疫病病菌、黄萎病病菌、根结线虫等。但是有的病菌特别耐高温，如根腐病病菌、根肿病病菌和枯萎病病菌等一些深根性土传病菌，由于其分布的土层深，必须处理 30～50 天才能达到较好效果。因此，进行土壤消毒时，应根据棚内防治相应病菌的抗热能力来确定消毒时间的长短。

（3）高温闷棚后的注意事项

①在高温闷棚后必须增施生物菌肥。因为在高温状态下，无论土壤中的有害菌还是有益菌都将被杀死，如果不增施生物菌肥，那么辣椒定植后若遇病菌侵袭，则无有益菌缓冲或控制病害发展，辣椒很可能会大面积发生病害，特别是根部病害，因此在辣椒定植前按每亩 80～120 千克的生物菌肥用量均匀地施入定植穴中，再用工具把肥和土壤拌匀后定植辣椒，以保护根际环境，增强植株的抗病能力。②太阳热消毒对不超过 15 厘米深的土壤效果最好，对超过 20 厘米深的土壤消毒效果较差。因此，土壤消毒后最好不要再耕翻，即使耕翻也应局限于 15 厘米的深度。否则，会将下面土壤的病菌重新翻上来，发生再污染。③因为土壤中拌有农家肥等有机肥，在高温发酵的过程中产生大量的氨气，所以应当在揭膜通风 5～7 天后再定植辣椒，以防产生气害。④根结线虫病严重的菜棚，在高温闷棚前应将病株残叶等运出棚，减少棚内的根结线虫，同时减少辣椒植株的遮阴，提高闷棚效果。

4. 土壤消毒杀菌

苗床土壤消毒：用枯草芽孢杆菌 500 克/亩，随水浇灌，预防各种真菌性病害。用 99％噁霉灵可湿性粉剂 1～2 克/米² 或 30％甲霜·噁霉灵水剂 1.2～1.8 克/米² 兑水 2～3 升可预防猝倒病；用 25％嘧菌酯悬浮剂 1.5～2.0 毫升/米² 或 30％甲霜·噁霉灵水剂 1.2～1.8 克/米² 兑水 2～3 升可预防立枯病；用 69％烯酰·锰锌水分散粒剂 3 克/米² 或 31％噁酮·氟噻唑 2 毫升/米²，兑水 2～3 升可预防疫病。

种植地土壤消毒：每亩可用 50％多菌灵或 75％甲基硫菌灵 1 千克，拌细土撒匀后翻地。草害的防治应在辣椒移苗前 5～7 天，用 450 克/升二甲戊灵微囊悬浮剂 150 毫升/亩兑水 60～90 升喷施地表；杂草 2～4 叶期，用 108 克/升高效氟吡甲禾灵乳油 50 毫升兑水 30～50 升，避开中午高温全田均匀喷雾。

二、选择适宜品种

在生产上推广使用的辣椒品种和一代杂交品种有 3 000 多个，选择一个适宜的品种对生产者来说是非常重要的，不仅可以降低生产成本，还容易抢占市场，获得较高的经济回报。在生产实践中，具体要根据栽培地区的气候条件、土壤条件、栽培条件、病虫害流行状况和贮藏保鲜等情况来选择品种。

1. 品种的抗病性

在露地生产和保护地生产时，连作常常不可避免，导致辣椒的病害日趋严重。选用抗病性好的品种，不仅可以降低生产成本，也是进行辣椒绿色生产的要求。辣椒的病害比较多，比如枯萎病、病毒病、青枯病、疫病、软腐病、疮痂病、日烧病等，目前还没有一个品种兼抗多种病害。不同的品种对上述病害的抗性是有明显差异的，必须根据不同栽培茬次发生的主导病害，选用合适的品种。比如，塑料大、中棚秋延晚茬和日光温室秋冬茬辣椒，其育苗时间正好在炎热多雨的 7 月，病毒病往往会导致栽培失败，因此必须选用抗病毒病能力强的品种，而大、中棚春提早和日光温室冬春茬发病少，因此选品种时可以不考虑抗病毒病的因素。

2. 品种的耐热性和耐寒能力

实践证明，露地栽培辣椒只有出现两次产量高峰，才能实现丰产。在北方各地，露地早春茬和春茬辣椒，一般从小暑开始采收，大暑前形成一个产量高峰；白露后形成第二个产量高峰。从大暑到立秋之间，由于炎热多雨，往往造成植株衰老，叶片脱落，落花落果，第二个产量高峰不明显。只有选用耐热性较强的品种，如中椒 4 号、中椒 9 号等品种，才能确保安全越夏，实现第二个产量高峰。越冬一大茬栽培的辣椒需要经历一年之中最寒冷的季节，冬春茬辣椒有的需要在严冬时节定植，因此选用品种时必须注意其抗寒性或耐低温能力。

3. 品种的耐贮性和耐运输性

目前，辣椒生产基地大部分实行规模化生产，有的基地需要炎夏南运，有的基地需要隆冬北运，都对品种的耐运输和耐贮藏能力提出了比较高的要求。特别是塑料大棚栽培的秋延晚辣椒，通常需要挂秧保鲜 2 个月以上，必须选用特别耐贮藏的品种。

4. 考虑消费群体的食用习惯

各地对辣椒的果型、辣味程度、果实色泽、果肉厚度等都有着不同的要求。比如黑龙江及吉林长春、山西大同等地的北方人普遍喜欢大果型甜味椒，近些年稍带微辣型的尖椒越来越被北方人所接受，同为微辣尖椒，在一些地方大羊角椒比粗大牛角椒更受欢迎。在东南沿海和港、澳地区，消费者更喜欢果肉厚、果个中等、光亮翠绿的甜味椒。因此，生产者在选用品种时，必须注意到消费地大多数人的食用习惯。东北地区、华北地区的种植户可以选种甜的辣椒品种。而湖南、湖北、江西、四川、贵州、云南等地适宜种一些有辣味的线椒类辣椒品种。

5. 正确对待品种的丰产性

辣椒的丰产性直接关系到生产者的收入，在农产品短缺的年代，生产者特别看重品种的丰产性。当农产品产量基本满足消费者的需求之后，消费者越来越注重辣椒商品质量。因此，生产者在选用品种时，首先必须注意到它的质量，然后再看它的产量表现，即把辣椒生产从"产量效益型"转变为"质量效益型"。

此外，选用品种时还需要注意品种对栽培季节和栽培设施条件的适应性。有些品种在温室大棚里可能是个丰产的好品种，但是在露地栽培时产量可能就很低。同样，适于露地栽培的丰产品种，可能在保护地里由于植株长势过于旺盛，造成严重落花落果而大面积减产。在保护地里栽培辣椒时，比如日光温室秋冬茬、冬春茬、越冬一大茬，它们对品种的要求是不一样的，必须按茬次选用品种。另外，北方露地栽培的丰产品种，在南方地区可能因为不适应炎热多雨的条件而减产。因此，选用品种时应尽量考虑周全。

三、适时播种

由于我国各地的地理纬度不同，辣椒栽培季节有很大的差异。华南地区和云南的南部，辣椒一年四季都能栽培，但最适生长期是夏季和秋季。这些地方春季栽培于上年10～11月播种育苗，苗期80～90天，1～2月定植，4～6月采收。夏季栽培播种期在1月下旬至4月上旬，苗期60天，定植在3月中旬至6月上旬，5～9月采收。秋植的播种期为7～9月，苗龄30～40天，定植在8～10月，采收期为10月至翌年1月。夏、秋两季辣椒避开了高温和寒冷天气，在露地栽培条件下能正常生长，因此产量较高。

东北地区、内蒙古、新疆、青海、西藏蔬菜主作区，辣椒播种期一般在2月下旬至3月上旬，5月中下旬定植，收获期为7～9月；在一些以干制为栽培目的的地区，可适当晚植，使其顶部果实能够在相近时期红熟。

华北辣椒主作区，露地栽培分春提前和秋延后两个茬口，春提前栽培多在阳畦，大棚中育苗，终霜后定植，夏季供应市场，播种期在1月上中旬，定植期在 4 月下旬至 5 月上旬；秋延后则在 4 月下旬至 5 月下旬供应市场；也有许多地方如河北张家口从春至秋一年进行一大季露地栽培。

长江流域蔬菜主作区包括四川、云南、贵州、湖北、湖南、江西、陕西、重庆等省、直辖市，该地区是中国最大的辣椒产区和辣椒消费区。露地栽培一般在上年的 11～12 月播种，4 月定植，5 月下旬至 10 月中旬采收，收获期长达 6 个月。7～8 月的高温对辣椒的生长发育有一定的影响，但只要栽培管理措施得当，仍能正常开花结果。

此外，为了克服中国南方地区 7～9 月的高温干旱、台风暴雨的影响，在长江流域华南地区发展出高山露地辣椒栽培技术，这是因为海拔每升高 100 米气温下降 0.5～0.6℃，海拔 500～1 200 米的山区，平均气温比平原低 3～6℃，昼夜温差大，降水量多，有利于辣椒的生长发育。长江流域 500～1 200 米的山区都可种植，以海拔 600～800 米山区最为适宜，采收期长，产量高。一般 3 月下旬至 4 月上旬播种，5 月下旬至 6 月上旬定植，7 月下旬至 10 月采收。华南地区 500 米以下，1～4 月播种，海拔 500 米以上，3 月前后播种，7 月开始上市。这样使辣椒的各个生长发育阶段都处在适宜环境条件下。

随着设施栽培技术的发展和农业科学技术的进步，辣椒栽培时间越来越不受限制，种植户更多的是根据市场需求和价格来选择种植时间。

四、育　苗

辣椒育苗时间根据不同地区而不同，一般来说从 10 月到翌年 2 月是育苗的最佳时期，育苗选择气温比较低时，低温状态可育出壮苗，人工控制幼苗生长所需的环境温度。定植前达到壮苗标准：即茎秆粗壮节间短，叶片肥厚颜色深，茎叶完整无病虫，根系发达侧白根，定植时 8 叶分。在定植前对苗床浇水，以减轻起苗时损伤根系，缩短移栽后缓苗时间。

1. 育苗的主要方式

（1）露地育苗

指适宜的气候条件下，多用平畦方式在露地育苗。

（2）设施育苗

目前，生产上常用的育苗方式主要有冷床育苗、温床育苗、温室育苗和塑料棚育苗等。

①冷床育苗。冷床育苗也叫阳畦育苗，是利用太阳能来提高床温的一种保护地育苗方式，由土筐、塑料薄膜或玻璃、草帘等组成。

②温床育苗。温床育苗是在冷床的基础上，利用床底铺设酿热物作为人工

补充热源或利用电热线加温来提高苗床温度。温床的主要优点是土壤温度能满足幼苗生长发育的需要，设备简单，使用方便，可以提高幼苗质量，缩短育苗时间。

③温室育苗。温室育苗是早春栽培主要的育苗方法，冬季温室内的温度较高，易于培育出适龄壮苗，是低温期主要的育苗方式。它的主要缺点是投资较大，育苗成本比较高。

④塑料棚育苗。由于其简单易行、经济可操作性强，是目前广大农村普遍采用的育苗方法，塑料薄膜由于能透过紫外光，昼夜温差较大，对培育壮苗有利，可防止幼苗徒长。

具体选择哪种育苗方式，可根据生产条件、环境、经济状况、技术水平、生产习惯来具体决定。热带地区一般霜雪冷冻少、冬季温度高的特点，在秋季播种育苗，能赶在春节前上市，可以卖个好价格。秋季播种育苗品种一般选择耐寒、抗病、商品性状好和耐贮运的优良品种。

2. 育苗流程

（1）种子处理

①选种。选种包括筛选、风选、拣选、水选等，通过选种可剔除破损、虫咬或成熟度较差的瘪籽，或带有病毒的种子。选择抗病、抗逆能力强、商品性好、市场需求量大的主栽品种。

②晒种。将种子放到纸板或布垫上，在阳光下晒种 2 天，促进后熟，提高发芽率，杀死种子表面携带的病原菌。晒种时注意不能直接放水泥地上晾晒，以免温度太高晒死种子，降低种子出苗率。

③药物消毒。许多病害的病菌潜伏在种子内部和附着在种子表面，通过种子消毒可有效地减少或灭绝有害病菌，种子消毒已成为防病的有效措施。防治细菌性病害，用 0.25% 强氯精溶液浸种 10 分钟；防治立枯病用 70% 的敌克松拌种（药量为种子量的 0.3%）；防治炭疽病和细菌性斑点病，用 1% 硫酸铜水溶液浸泡种子 5 分钟，后用水洗净；防治病毒病用 0.5% 的磷酸三钠，或 300～400 倍液的高锰酸钾，或 1% 硫脲浸泡 20～30 分钟；防治早疫病用 1% 的福尔马林浸 15～20 分钟，后用湿布覆盖闷 1～2 小时。使用药物消毒应注意：在浸种前，一般应将种子在 25～30℃水中浸泡 4～5 小时，药液浸过后应立即用水冲洗干净，以免发生药害，浸泡所用的药液溶度不宜偏高或低。

④浸种催芽。为了缩短时间，使苗整齐健壮，播种前先进行浸种催芽。将种子放到洁净的陶土或瓷盆里，加 55～60℃的温水，水量相当于种子体积的 6 倍左右，不停地搅拌，10～15 分钟后换入 25～30℃的温水中，浸泡 8～12 小时，漂去质量差的种子，搓洗种子上的黏液和辣味，然后催芽。催芽时用湿布将种子包好，放在 25～30℃条件下，催芽时间一般为 4～5 天。催芽可用恒温

箱或催芽箱，还可用电热毯或瓦盆火炕等方法。辣椒种子发芽对氧气的要求较高，因此在催芽期间要注意每天透气，每天淘洗 2 次，洗去种子析出的黏液，注意包裹不要太严。种子破口、露出白色的胚根时，即可播种。

为了提高幼苗的抗寒能力，可将种子进行低温、变温处理。将开始萌动也就是裂开的种子，放在 0℃ 的低温条件下 5～7 天进行低温处理：把萌动的种子放在 0℃ 的低温条件下处理 16 小时，再放到 15～18℃ 室温条件下处理 8 小时，如此高、低温交替处理 5～7 天即为种子变温处理，低温、变温处理能够提高幼苗抗坏血酸和干物质含量，加速叶绿素合成，从而提高幼苗的抗寒力，提高辣椒的早熟性和早期产量。

（2）准备营养土

①营养土的要求。一是疏松通透性好。因为辣椒生长发育要求土壤有很好的保水性，透水性，这样根系发病少，而且有利于保持和提高土温。二是肥沃、营养齐全。因为秧苗和成株相比较，秧苗密度大，单位面积内秧苗从床土中吸收的水分和矿质营养的总量多。三是酸碱度适宜。一般要求中性至微酸性，其中不含对秧苗有害的物质和盐量。四是不含有可能危及秧苗的病原生物和害虫（包括虫卵），应提前翻土晾晒 5～10 天。

②营养土的配制。配制营养土要重磷、重氮，但不要过多施用速效钾，以防影响花芽分化的数量和质量。园田土必须从一、二年内没有种过茄果类、瓜类、马铃薯和烟草等作物的地块获取，以防土壤传播苗期病害，最好从种植过水稻、豆类、葱蒜类等地取土（但要避免长残效除草剂地块），豆类作物有根瘤菌可以固氮，因此土质疏松、肥沃；种植葱蒜类的土含有硫化物，可杀菌。营养土中不可掺入未经腐熟的粪肥、饼肥，以及含氯化肥，碳酸氢铵、尿素等。穴盘育苗可用草炭与蛭石 2∶1 或 3∶1 的比例掺匀后装盘，也可以用肥园土、有机肥和草木灰 6∶3∶1 的比例混匀。注意所有原料都要充分捣碎、捣细并过筛，而后充分混匀。

③营养土的使用。将配好的基质装入穴盘中，装盘时不要用力压，压太紧易破坏基质的物理性状，使基质的透气性和含水量受影响。正确的方法是用刮板从穴盘的一边刮到另一边，使每个孔穴中都装满基质，厚度一般是 8～10 厘米。播种前苗盘要进行压穴，以便将种子播入其中。分苗床或一次播种育成的苗床土层厚度要达到 12～15 厘米。也可以将经过堆制腐熟的营养土制作成鹅蛋大小的营养球，营养球不宜太紧，并用拇指在营养球上轻按 1 个 4～5 厘米深的播种穴，将制作好的营养球整齐排放在 1.33 米宽、10 米长的标准箱上，每箱约 2 500 个营养球。

（3）播种

播种期的确定应根据各地的定植期，育苗的条件、苗床设备、育苗技术、品种特性和市场需求等具体情况而定。一般辣椒苗龄为 40～90 天，生理苗龄 9～10 片叶。为保证育苗期间充足的水分供应，减少幼苗生长期间的灌水量，播种前要充分浇足底水，待水渗下后，放置半天到一天，让土壤温度升高，第二天上午再浇一次小水，确保营养土充分吸水，然后才能播种。

多数品种采用双株育苗方式，播种时将 2 粒种子播于营养钵中央或营养球穴内，用手抓一把潮湿的营养土或湿沙，放到种子上，形成 1～2 厘米厚的圆堆。覆土要均匀，厚度一致。覆土过薄则水分蒸发快，土壤易干燥，同时由于土壤压力不足，幼苗出土时种皮不易脱落，造成连帽出土，影响发芽和子叶的顺利展开，不利于幼苗生长和进行光合作用，造成出苗不齐，幼苗生长弱。覆土过厚，种子周围地温低，出苗阻力大，幼苗养分消耗过多，不利于出苗，而且出土的幼苗子叶瘦小，不利于幼苗生长。

注意保温保湿，播完种后用准备好的营养土覆盖播种穴内球与球之间的空隙，以不见营养球为宜，后用喷壶喷 1 次透水，再撒盖 1 层湿润细松土，以不见上次喷透水后的湿土为宜。苗床营养球的四周培好土，均以不见营养球为宜，便于保湿。在厢面上盖上 1 层薄膜，然后插拱用无纺布覆盖，如遇低温天气，再覆盖 1 层地膜。

（4）苗床管理

①温度。辣椒苗期对温度要求较高，播种后土壤温度应保持 28～30℃，夜温 18～20℃，以利于迅速、整齐地出苗。温度低时必须充分利用各种增温措施，保证出苗所需要的热量，力求一次播种保全苗，6～7 天即可出苗。种子拱土时，床面覆盖的增温保湿或降温保湿物要及时撤除。此时幼苗胚轴对温度十分敏感，温度高很容易徒长，形成弱苗，适当的低温锻炼对幼苗抵抗定植后的低温很有帮助。

②水肥管理。由于育苗前期温度低，播种时营养钵下面的土壤及营养钵都浇足了水，所以前期无须浇水，育苗后期选晴天浇小水，如果发现幼苗叶片出现发黄等"脱肥"症状，可浇 0.2％的磷酸二氢钾溶液。注意不要浇尿素溶液，因为尿素溶液容易发生肥害，更容易引发幼苗徒长。

③光照管理。出苗后如果光照弱，幼苗很容易徒长，此时要尽快揭开覆盖物，让幼苗多见光，对形成壮苗大有好处。育苗后期要防止秧苗因拥挤而导致徒长。

（5）苗期管理技术要点

①出苗前管理。播种到出苗这段时间主要以保温保湿为主，双膜一般不动。辣椒出苗 70％～80％揭除平膜，只覆拱膜。

②苗床温度管理。出苗 3～4 片真叶前以保温为主，小拱棚在晴天 10：00～11：00 摘开苗床两端的拱膜并固定好，16：00～17：00 盖膜。4～6

片真叶后晴天揭膜全敞，晚上盖膜保温；阴雨天中午揭膜1～2小时通风排湿；揭盖时间根据室外温度高低而定，棚内温度控制在15～30℃。注意严防高温烧苗。

③苗床湿度管理。发现苗床土壤过干而发裂、变白，结合病虫害防治在晴天早上喷水，小拱棚严禁摘膜露天淋雨。遇上连续阴雨天，湿度较大时，清理苗床四周排水沟，保持经常畅通，避免积水；延长通风时间，小拱棚可选择晴天中午前后敞开拱膜排湿；在叶面无水时撒草木灰排湿；用干稻草、石灰置于棚内吸湿。注意高温高湿导致苗期病害发生。

④肥水管理。如果播种时床土施用了适量有机肥，椒苗一般不缺肥；如果发现叶片失绿变淡，根据幼苗生长情况，选择晴天早晚追施肥料，用腐熟的人畜粪水稀释3～5倍后小心泼施，或用0.5％磷酸二氢钾结合病虫防治叶面喷施，追肥1小时后方可盖膜。70％的辣椒种子出苗后，晴天及时去掉平铺的薄膜，防止高温烧苗；控制苗床湿度，播种后土不干不浇水（播种后至出苗前一般不用浇水），保持厢面湿润但不能积水，雨天注意清沟排水，由于早春自然光较弱，苗棚内光照普遍不足，应于晴朗的中午前后揭膜，放风排湿，增加光照强度，抑制苗徒长；当苗出齐后至出现1片真叶时，可再撒盖1层湿润细药土，以达到保温、保湿、苗壮的目的；随时加强苗期管理，厢面露白要及时浇水，注意通风透光控苗炼苗；苗床湿度过大容易导致幼苗期病害发生；3叶期用200千克清粪水兑2千克普通过磷酸钙（普钙）泼施、移栽前用200千克清粪水兑2千克复合肥泼施。

⑤病虫害防治。苗期病害主要有猝倒病、立枯病、沤根。沤根主要是由苗床内湿度高、温度低引起的一种生理病害，主要防治方法是加强苗床管理，少浇水，保持适当的温度。辣椒猝倒病与生理沤根的特点不同，通常沤根是因低温、积水而引起的生理病害，一般发生在出秧后遇低温、阴雨天气，秧苗地上部分生长不良，原有根系逐渐呈黄锈色腐烂，无新根或基本不发新根，根皮呈现铁锈色腐烂，地上部萎蔫且易拔起，导致幼苗死亡，严重时也成片干枯。

⑥炼苗。根据大田准备情况确定炼苗时间，一般7～10天，冬育苗炼苗时间短，春育苗炼苗时间长。具体方法为：可逐渐降低育苗场所内的温度，控制水分，逐渐加大通风量，逐天延长揭膜时间，一般白天揭膜，晚上覆膜，定植前3～4天将覆盖物大部分或全部撤掉，最终使育苗场所的温湿度条件接近栽培场所的条件。白天温度保持在15～20℃，夜间5～10℃，一般不浇水。但是发现个别秧苗缺水萎蔫可适量浇水，防止湿度过大，幼苗徒长。这一时期的管理，防止徒长，使昼夜温差保持在10℃左右，床土温度不低于15℃，防止出现徒长苗和老化苗。

⑦移苗。移苗也叫分苗，通过移苗可扩大营养面积，增加根群，培育壮苗，因此移苗不能太迟，并且移苗次数不宜太多。当幼苗长到2叶1心或3叶1心时进行分苗，分苗前须进行低温炼苗2～3天。分苗方法有苗床分苗和营养钵分苗两种，宜选择"冷尾暖头"的晴天进行。分苗前一天，幼苗要浇"起苗水"，以利于起苗，防止散坨，减少伤根，促进缓苗。分苗时苗距8～10厘米为宜，要注意栽苗深度，以子叶露出床面为最佳，每穴或每钵根据品种和定植要求栽单株或双株。移苗后应提高温度，促进缓苗。

⑧带肥带药移栽。移栽前1～2天用甲基硫菌灵或移栽灵加0.5％尿素喷雾，若不加尿素可泼清粪水。营养钵育苗的可在定植前浸泡穴盘并消毒，保证辣椒在定植后缓苗快，根系发达，植株健壮，可用72.2％霜霉威水剂750倍液，精甲霜灵1 500倍液，加入25％噻虫嗪水分散粒剂2 500～5 000倍液等进行穴盘浸泡处理，可提高植株抵抗能力，促进植株生长，同时可防治苗期病虫害。

⑨壮苗标准。健壮的辣椒苗一般株高18～25厘米，茎秆粗壮，节间短，茎粗0.3～0.5厘米，有真叶8～14片，子叶完好，真叶叶色深绿，叶片大而厚，有70％～80％植株带大蕾，无病虫害，根系发达具有旺盛的生命力。具备上述条件的辣椒苗，移栽后缓苗快，抗逆性强。

五、定　　植

秋季辣椒定植宜在晴天午后进行，有利于辣椒根系的生长成活。因这时天气温度还较高，栽苗后出现某种程度的暂时萎蔫现象，是正常的。阴雨天气栽苗，植株虽然不萎蔫，但土温低，加上栽苗时人为的活动，易造成土壤板结，不利于发根，成活率低。所以晴天栽苗缓苗快，阴雨天栽苗缓苗慢。辣椒定植时应注意以下几点：

1. 定植前土壤处理

①土壤消毒。土壤消毒是一种高效快速杀灭土壤中真菌、细菌、线虫、杂草、土传病害、地下害虫、啮齿动物的技术，能很好地解决作物的重茬问题，并能显著提高作物的产量和品质。在辣椒的种植过程中，主要针对预防枯萎病和根腐病进行土壤消毒，每亩可用50％多菌灵或75％甲基硫菌灵1千克，拌细土撒匀后翻地。

②土壤修复和改良。在传统的辣椒种植过程中，农户为了追求高产和防治病虫害，大量使用化肥和化学农药，破坏了土壤的结构、导致腐殖土和上层土下降、有机物失调和流失，有些地区土壤板结情况异常严重，辣椒种植地成为废弃地。因此，种植辣椒还需要根据土壤的实际情况进行修复和改良，可施用

黄腐酸类肥料和微生物有机肥，补充固氮菌、溶磷菌、溶钾菌、乳酸菌、芽孢杆菌、假单胞菌、热防线菌等，增加土壤有益微生物的种群和活性，抑制病原微生物的增殖。此外，土壤酸化导致有毒物质的释放，或使有毒物质毒性增强，对作物产生不良影响，土壤酸化还能溶解土壤中的一些营养物质，在降雨和灌溉的作用下，向下渗透补给地下水，使得营养成分流失，造成土壤贫瘠化，影响作物的生长。使用生石灰能够很好地中和酸性，改良土壤的pH。

2. 整地定植

选择土层深厚、肥沃、疏松、排水良好的土壤种植辣椒。定植前 15～20 天，深翻土壤 30 厘米，彻底清除土里的残渣枯枝杂草及其他杂物，晾地晒虫 5～7 天；施用腐熟有机肥，每亩一般施用 1 000～2 000 千克的优质腐熟有机肥，注意要让有机肥充分发酵腐熟后施用，减少未腐熟有机肥施入土壤造成的虫害、气害及烧根烧苗现象。

（1）起垄

辣椒起垄根据土壤的不同一般有 6 种方式，首先需将种植的土壤分为黏性土、壤土以及沙质土 3 种，每种土壤又可分为平地土壤和坡地土壤 2 种，辣椒在坡地或者平地不同类型的土壤中种植时，起垄的方式也不同。

①黏性土的起垄方式。

坡地：通常坡地的高度不同，起垄的方式也有所不同，坡地黏性土起垄的原则为：坡度小时，垄窄，沟宽深；坡度大时，垄宽，沟窄浅。一般当坡度大于 20°时，可双行起垄或三行起垄，垄宽度为 0.6～1.2 米，沟深度为 20 厘米。

平地：黏性土的平地建议高起垄，起垄的原则为：土壤的黏性越强，垄宽越窄，垄沟越深；黏性越弱，垄宽越宽，垄沟越浅。通常可两行起垄或三行起垄，垄宽 0.6～1.2 米，沟深 25～30 厘米。

②壤土的起垄方式。

坡地：因为壤土的排水能力比黏性土较好一些，因此对于起垄的高度并不严格，可根据坡度大小灵活掌握，起垄原则与黏性土相似。一般当坡度大于 20°时，可多行起垄，宽度为 1.2～2 米，坡度越大，垄面可越宽。

平地：壤土的排水能力虽比黏性土好，却比沙质土差，因此也需要起垄，起垄原则为：雨水多，窄垄深沟；雨水少，宽垄浅沟。一般可两行起垄或三行起垄，通常垄宽 0.5～0.8 米，沟深 20～25 厘米。

③沙质土的起垄方式。坡地沙质土排水能力强，一般可以不起垄，但可在地块中适当开几条上下沟，方便排洪。

平地：虽然在坡地的沙质土中种植辣椒时一般可以不用起垄，但在平地种植时却需要起垄，尤其是非常平整的大地块。起垄原则为：雨水多，窄垄深沟；雨水少，宽垄浅沟，甚至可以不起垄。在平地的沙质土中，通常以多行起垄为主。

坡地：当坡度小于20°时可根据具体情况进行起垄，若坡度很小，便需要起垄。起垄的原则为：根据坡度大小而定，坡度小则起垄，坡度大则不起垄。

双高垄是辣椒栽培最普遍的一种畦型。两条垄为一组，共同覆盖一块地膜，故称"双高垄"。由于垄面呈弧形，表面积大，且高于地面，有利于提高土壤温度和通气性，促进根系发育，且便于膜下灌溉，降低空气湿度，保持土壤水分。双高垄的具体规格为，小行距50厘米，大行距80厘米，垄高20厘米，沟宽20厘米。小行间浇水，大行间作为操作通道。根据所栽培辣椒品种的植株大小，可以对上述参数加以调整。

（2）盖膜

海拔600米以下和1 000米以上地区为了提高地温、提早季节宜选用白色地膜，海拔600～1 000米地区可选用黑色地膜防治杂草。盖膜前水分必须充足，达到土壤握之成团、弃之能散的标准，水分不足应浇水或在下雨并沥水表土收干后再盖膜。忌干土盖膜或者刚浇水、下雨后立即覆膜。压膜一定要严实，盖膜后沟底要平畅利于排水。

（3）定植

定植时间的把握标准：一是土壤提前准备完毕。二是当地凌晨的气温稳定高于12℃。三是辣椒苗8叶1心才能进行移栽定植。选晴天定植，提前做好准备工作，移栽前5～7天进行炼苗；移栽前1～2天施用农药和肥料做到带肥带药移栽；辣椒定植取苗前，先对辣椒苗浇透水，使辣椒苗尽量多带泥土，并注意减少根部的损伤（彩图3-1）。

按20～25厘米的穴距在垄上打定植穴，穴深约10厘米，与营养钵深相同，每畦栽2行，行距规格应根据土壤肥力和管理情况而定，土壤肥力好、管理好、地势平坦则株行距宜大，反之宜小。在已盖好的地膜上，用0.5米长的木竹棍，按要求的株距开种植孔，将苗子放入孔中，用细土轻轻压实根系，忌挖孔压苗移栽、忌用重力按压、忌栽吊脚苗、忌苗子接靠地膜高温烧苗。辣椒定植深度不宜过深过浅，栽培深度以子叶节处为宜，过浅露坨不易缓苗，过深容易造成根部腐烂死苗，定植深度保证覆土后必须露出2片子叶（胎叶），并注意不要弄散土坨，苗周围要培一个高出畦面的小土堆。

定植后立即浇缓苗水，缓苗水一定要浇透。辣椒是喜水怕涝作物，因此在浇水问题上要特别注意，平时忌大水漫灌积水，导致辣椒缺氧烂根死秧。如果从定植开始就采取浇小水的方式，会导致地表面湿润而深层土壤干旱的问题，这样根系只在较浅的土层中伸展，不利于根系深扎，降低了辣椒的抗逆性。因此，在辣椒栽培中，定植水必须浇透。合理施用生根剂，因为辣椒生根较慢，适当施用生根剂促进根系生长，对提高辣椒缓苗速度很有必要。具体做法是：在定植时用生根剂蘸根或者定植后灌根。此外，使用冲施功能肥或生物菌肥都可以提高根系的生长发育。

（4）合理密植

辣椒合理密植是增加单位面积产量的有效途径，其主要作用在于它可以充分发挥土、肥、水、光、气、热的效能，通过调节辣椒单位面积内个体与群体之间的关系，使个体发育健壮、群体生长协调，最后达到高产的目的。辣椒合理密植是指根据品种特性、气候条件、土壤肥力、生产条件等不同情况来确定适宜的种植密度。在确定适宜密度时，首先要根据品种特性确定出适宜的密度范围，然后再根据具体的生产条件来确定是采用适宜密度范围的高限还是低限。一般来讲，平展型品种适宜稀植，紧凑型品种适宜密植；生育期长的品种适宜稀植，生育期短的品种适宜密植；大穗型品种适宜稀植，小穗型品种适宜密植；高秆品种适宜稀植，矮秆品种适宜密植；瘦地适宜稀植，肥地适宜密植；旱地适宜稀植，水浇地适宜密植。以上原则应因地制宜，根据具体情况灵活掌握。

不同辣椒品种，其栽培密度不同。以收获干辣椒为主的朝天椒、线辣椒，因植株繁茂性较差，种植密度可大一点；以收获鲜椒为主的，植株生长势强，植株高大，占地面积宽，如上海茄门椒、甜椒等品种，种植密度应稀一点。以收获鲜椒为目的的栽培，每亩种植 3 000～5 000 株；以收获干椒为目的的栽培，每亩种植 5 000～10 000 株为宜。在这个密度范围内，山坡地、瘠瘦地、施肥水平较低的土壤应密植，靠增加密度获取高产；靠近水源、土层深厚的肥沃土壤且施肥量较大的，应坚持稀植，用提高单株产量来获取较高的总产。

3. 田间管理

①及时提膜降温。遇到高温天气，对塑料大棚辣椒避雨栽培模式，要及时提膜降低棚内温度和湿度，防止辣椒徒长。

②中耕培土。可分 3 次进行中耕培土，有利于降低地下水位，抗倒伏、争高产。第一次培土一般定植后 7～10 天，第二次培土是坐果时，第三次培土是封垄前。中耕培土要严格掌握头遍浅、二遍深、三遍不伤根，头遍浅锄、二遍用锄壅、三遍锄草把垄封的原则。辣椒封垄前培土的主要目的：一是加厚垄背，防止露根；二是防止植株倒伏，结合培土把已发生倒伏的植株扶正；三是促使植株下部发生不定根，扩大根群的吸收面积；四是加高垄背，为结果期顺利浇水奠定基础。培土时应注意以下几点：一是要保护好茎叶，不要折断枝干和损伤叶片；二是取土要浅，不要深挖土，特别是不要从植株旁挖土，避免伤害根系；三是培土要细碎，不要将土块、石块等培到垄背上。中耕培土的好处

很多，能松土，提高土壤的透气性，增加根系的呼吸作用，促进根系深扎，有利于根系发育生长，同时也能清除杂草，降低棚内湿度，减少发病率。

③套种遮阴。试验表明，辣椒喜欢半遮阴的立地条件，在与玉米套种下半遮阴的生长情况比大田单作要好，其落叶率低、发病少、结果率高，没有花皮椒，单果重、单株产量比常规种植高 20% 左右，果实着色成熟较晚。因此，可大力推广玉米、辣椒间作套种，即每种 6 行辣椒套种 1 行玉米，每穴玉米 2～3 株，穴距 50 厘米，这样辣椒不少收，玉米每亩收250～300 千克。

④植株管理。为增加叶片面积，使植株加快生长，在坐果前不急于去掉侧枝与老功能叶，待辣椒坐果后，再将侧枝与老叶去掉，病叶随时发现随时去除。这样不但控制了植株徒长，还调节了植株的长势，同时还为植株遮阴和降低温度。辣椒坐果后，要及时将侧枝摘除，以免与植株和果实争夺营养，导致产量降低和削弱植株长势。

⑤严防沤根。辣椒定植与生长发育期间，如果降雨量多，若管理疏忽，雨水进棚，田间积水，气温又高，很容易造成辣椒沤根、烂秧、死棵。因此，下雨之前务必将大棚放风口关严，严防雨水进棚。一旦雨水进棚，要及时排出棚外，并适时划锄增加土壤透气性。

⑥摘除门椒和对椒。门椒是辣椒第一朵花长成的果实，着生在辣椒分杈结位；对椒是辣椒第二批花结的果实，也就是在分杈后的第一个结位上生长的辣椒。及时摘除门椒、对椒，保证营养集中供应辣椒生长，减少植株因缺少营养而生长不良、茎秆细弱、生长缓慢、长势弱和影响后期产量的不利情况，培育健壮的辣椒植株和提高总体产量。

六、植株调整

1. 辣椒的分枝习惯

辣椒的茎是直立的，腋芽萌发力较弱，基部木质化，较坚韧，株高多在 30～150 厘米，因品种而异。辣椒分枝结果习性很有规律，按分枝能力，可分为无限分枝与有限分枝两种类型。无限分枝型的品种植株高大，生长茁壮，产量高，适合作保护地栽培。多数品种属于这种类型。有限分枝型的品种植株矮小，主茎生长至一定叶数后，顶部发生花簇封顶，在植株顶部形成多数果实，花簇下面的腋芽抽生分枝，分枝的叶腋还可能发生副侧枝，在侧枝和副侧枝的顶端都形成花簇封顶，但多不结果，此后植株不再分枝生长。各种簇生椒都属此类型。有限分枝品种产量低，一般只作生产干椒和观赏用。

无限分枝型植株多为双杈分枝，也有三杈分枝。主茎长到 7～15 片叶后，顶芽分化成花芽，花芽以下的节萌发出侧枝，其中紧靠花芽的 2 个或 3 个侧枝生长最为旺盛，侧枝与主茎同时生长，呈二杈或三杈向上继续生长，果实即着生在分杈处。各个侧枝生长数节后又依次分枝、着花。只要条件合适可无限分枝生长。前期的分枝主要是在苗期形成的，后期的分枝主要取决于定植后结果期的栽培条件。

对于结果时间长、植株高大、分枝级数多、果实较大的辣椒，栽培的中后期植株容易向行间倾倒，因此，需要通过吊架牵引或固定枝条，以使枝条分布均匀，植株间通风透光条件良好。通过搭架，还能调节各枝之间的生长势：将生长弱的枝条抬高，以促其生长旺盛；将生长过旺的枝条压低些，以抑制其生长势。

2. 辣椒的整枝打杈

为获得辣椒高产，近年辣椒的各种栽培新方式不断涌现，其种植密度有加大趋势，若是肥水较好、生育期较长、植株生长较旺或过旺，易导致田间过度遮蔽和通透性恶化，引发落蕾、落花、落果和疫病、炭疽病等，反而造成大减产，解决这些问题最显效的方法就是科学地进行辣椒整枝打杈。

①整枝打杈的作用。辣椒分枝部位不同，结果量和商品果率也不一样，第一级和第二级分枝能优先获得所需养分，结果量最高，产量亦最高，其他分枝会随着分枝级数的增加而逐级降低结果量和产量。及时科学地除去细弱枝条、郁闭处枝条、叶过多和花少枝条、过密枝条、徒长枝条和病虫害严重枝条等，将明显改善田间的通风透光性，降低田间湿度，减少病虫害的发生，有利于集中养分供给保留枝条促进多开花和结果，大幅提高商品果率。通过整枝打杈，植株上、中、下部的光照大为改善，光照充足，果实着色好，颜色会更鲜艳而有光泽，品相大大提升。

②整枝打杈的方法。三主枝整枝打杈法：适用于大果型高产品种。经整枝打杈可减小株型、适当增加栽植密度，有利于果实的生长发育和果实着色，效果明显。方法是：四门椒坐果时留下 3 个方位好、枝粗壮的一级分枝，其余相同级的枝条从基部用枝剪剪除；留下的每个主枝上可留 2 个分枝角度和方位好的二级分枝，其余的同级枝条从基部抹除。此后，注意保持株形，除特殊情况需更新主枝外，要随时抹除主枝和二级枝上不需要、过密、光照差、位置不好的枝条或萌芽枝条。

四主枝整枝打杈法：牛角椒和多数甜椒品种适用本法。经过整枝打杈，植株生长期延长，根系粗壮发达，早期产量较好，总产量有较大提高；缺点是留枝较多，田间通透性受到一定影响。方法是：四门椒坐果时，选留 4 个枝粗壮、方位好的枝条作为主枝，其他同级枝条全部从基部剪除；每个主枝上留

1～2个粗壮、方位好、开花结果强的枝条，其余同级枝条从基部抹除。

多主枝整枝打杈法：牛角椒和羊角椒品种适用本法。经过整枝打杈，留枝和结果较多，根系发达，植株生长较好，产量高；缺点是留枝较多，田间通透较差，早期产量较低。方法是：四门椒坐果时，根据需要选留5～6个位置不同，但粗壮、方位好的枝条作为主枝，其他同级枝条从基部剪除；每条主枝上留1～2个分枝作为结果枝，其他不需要的枝条及早抹除。

不规则整枝打杈法：本法适用于羊角椒品种和露地、早熟栽培的辣椒。当辣椒植株上的侧枝长至15～18厘米时，剪掉门椒以下侧枝。进入开花结果中后期，再根据植株长势、田间通透性、结果情况去除一部分过密、光照差、长势弱的枝条。

③整枝打杈的应用。设施栽培密度相对较大，肥水较好，温湿度较适宜，辣椒易生长过旺，导致通风透光恶化，病虫害特别是病害发生较重，整枝打杈增产最明显。温室冬春茬辣椒，若栽培的是大果中晚熟品种，宜采用三主枝或四主枝整枝打杈法；若栽培的是小果品种，采用四主枝或多主枝整枝打杈法为好。温室秋冬茬辣椒，如果栽培的是大果品种，栽培较密时，采用四主枝整枝打杈法；栽培较稀时，宜用多主枝整枝打杈法；单株定植时，可用多主枝或无规则整枝打杈法；双株定植时，宜用三主枝或四主枝整枝打杈法。温室栽培的辣椒，应在剪枝再生后采用三主枝或四主枝整枝打杈法。

春季塑料大棚辣椒，如果栽培的是大果品种，采用三主枝或四主枝整枝打杈法。春连秋塑料大棚辣椒，宜采用四主枝或多主枝整枝打杈法；若是再生栽培，要在剪枝再生后采用四主枝或不规则整枝打杈法。小拱棚栽培早熟春辣椒，应采用不规则整枝打杈法。露地和地膜覆盖栽培的辣椒，多用无规则整枝打杈法。

④整枝打杈的注意事项。一是无论哪种栽培方式和品种，门椒以下侧枝应全部尽早除去。二是为利于株形的形成和根系的生长，打杈不要太早，一般在侧枝长至10～18厘米时打杈。选在晴天11：00前或15：00后整枝打杈。尽量避开阴雨天或露水未干的早晨进行，以降低感染病害的风险。三是剪较大枝时，枝条基部留0.6～1厘米长，可保护枝干。整枝打杈动作需轻，不要损伤枝叶或碰落花果。打杈要勤，每隔2～3天1次，认真细心，抹除干净。四是为防止感染病害，整枝打杈后最好喷洒1次75%百菌清可湿性粉剂500倍液或36%甲基硫菌灵悬浮剂500倍液，每次喷50～60克/亩。

七、保花保果

1. 开花结果习性

　　辣椒的花为白色、淡绿色或紫色，单生或簇生。属自花授粉植物，但天然杂交率高达 10% 左右。辣椒的花中同时具有雌蕊和雄蕊。雄蕊花药中的花粉散落到雌蕊的柱头上后，花粉萌发，花粉管进入雌蕊基部的子房，完成受精，才能形成种子。种子在发育的过程中，分泌生长素，征调植株的养分向子房部位运输，果实才能坐住。如果环境异常，过分的高温或低温，花器官不能完成正常的授粉受精，不能形成种子，也就没有足够的生长素，果实不易坐住，此时就需要人工喷施保花保果的药剂，补充生长素，促进坐果并刺激果实发育。

2. 保花保果药剂的使用

　　辣椒花器官不耐低温，当气温低于 10℃ 时难以授粉受精。所以，如果开花结果期正值低温季节，夜间低温就会影响花器官发育，导致授粉受精不良甚至不能授粉受精，造成落花落果。目前预防和解决这一问题较为有效的技术是用生长调节剂处理辣椒花器官。

　　①使用坐果灵喷花和幼果。使用 2.5% 坐果灵加清水稀释成浓度 20 毫克/升的溶液，一般在 16：00 至 17：00，用手持式小喷雾器对花和幼果一起喷洒，每隔 5～7 天喷 1 次。注意不要喷到植株生长点和嫩叶上。如果嫩叶沾上药液，会产生轻微影响，但几天后叶片就会自然恢复正常。如果影响严重，使用 90% 赤霉素进行喷雾，几天后就会好转，通常不会影响产量。

　　②使用防落素喷花和幼果。防落素俗称丰收灵，能促进生长，阻止离层形成，促其坐果也是植物生长调节剂的一种，有诱导单性结实的作用。防落素可由根茎花果吸收，生物活性持续较长。防落素的使用方法：在辣椒花期使用浓度为 20～30 毫克/升的防落素药液进行喷洒，使用防落素的纯品时需要先用酒精或高浓度的烧酒先溶解，再加水到所需要的浓度。在 16：00 以后或 10：00 以前，用手持式小喷雾器将药液对花和幼果一起喷洒，亦可用蘸花或涂抹花梗的方法。防落素的使用浓度与气温高低有很大关系，气温高时，浓度要小，配水量取上限；尤其气温高于 28℃ 时，浓度要更小。高温天气下药液浓度过高易导致药害。防落素对人畜安全，在使用浓度范围内对蜜蜂无毒无害。

　　③使用 2，4-滴稀液蘸花或涂抹花梗。使用 2，4-滴水剂 20～30 毫克/升蘸花或用毛笔涂抹花梗。施药时注意，当气温高于 15℃ 时，每升水加入 1.25% 的 2，4-滴药剂 50 滴、摇匀；当气温低于 15℃ 时，使用浓度为 30 毫克/升的溶液。当天配制当天用，使用时间宜选晴天早晨或傍晚，严禁在烈日下施药。不任意提高或降低浓度及重复使用，以防因浓度过低无效或因浓度过高导致形成畸形果和裂果。在配制药液中，同时兑上 0.1% 的速可灵可湿粉剂，预防灰霉病。

3. 落花落果的原因与对策

　　辣椒落花落果是温室大棚和夏季露地栽培的常见问题。冬春季节，大棚、温室内温度太低，尤其当气温低于 15℃，地温低于 5℃，根系停止生长，授粉受精不好，地上部就容易出现落花落果现象。春夏生产中，露地或设施内气温超过 35℃，地温超过 30℃，高温干旱，授粉受精不良，根系发育不好，也容易落花落果。除温度因素外，光照不足、密植、缺乏肥料或者施用未腐熟有机肥、水分过多或过少、植株细长，茎叶生长过旺；烧根，根系功能受损伤；露地栽培时，前期没有封垄，强光照射地面，根系功能受损伤；发生病毒病、炭疽病，或受到茶黄螨、烟青虫等危害，都会引起落花落果。

防止落花落果，首先要改善环境条件。设施栽培时，早春注意提高地温和气温，保持气温 15℃和土壤温度 18℃以上，夏季注意降温，气温不要超过 30℃。冬春季注意保持薄膜良好的透光性，增强光照，夏季栽培时最好能用遮阳网遮光。露地栽培，注意让植株尽快封垄，防止暴晒。水肥管理方面，要适度浇水，不可过多过少。合理施肥，施用腐熟有机肥、增施磷、钾肥。培育壮苗，协调营养生长和生殖生长。前期注意控水控肥，促进根系生长，后期加强肥水管理，促进果实膨大。同时要注意积极防治病虫害。

八、科学施肥

辣椒体内养分含量高，而转移率较低，茎、叶片养分大部分较难转移到果实中，茎、叶、花中养分含量和果实相当，因此辣椒属于整体需肥量大的作物。

1. 需肥特点

①喜硝氮、钾肥。辣椒属于无限生长类型，边现蕾，边开花，边结果。辣椒生长期长，喜温、喜光、但根系不发达，根量少，入土浅，不耐旱、不耐涝，且需肥量较多，耐肥能力较强。一般每生产 1 000 千克需氮（N）3～5.2 千克、磷（P_2O_5）0.6～1.1 千克、钾（K_2O）5～6.5 千克，吸收比例为 1：0.2：1.3。辣椒偏重氮、钾肥，而对磷肥需求量不大，此外还需钙、镁、硼元素。辣椒属茄科作物，对氯敏感，因此复合肥只能用硫酸钾型复合肥。

②对肥料依赖性大。辣椒一季吸收的氮、钾肥，其中 60%的氮元素、67%的钾元素来自肥料。因此，辣椒生长期间，需要多次追肥。

③生育期需肥规律。辣椒在不同生育时期，吸收的氮、磷、钾等养分的数量也有所不同。从出苗到现蕾，植株根少、叶小，需要的养分也少。从现蕾到初花植株生长加快，对养分的吸收量增多。从初花期至盛花期是营养生长和生殖生长最旺盛的时期，是吸收氮素最多的时期；盛花期至果实成熟期，植株的营养生长较弱，而生殖生长还很旺盛，对磷、钾肥的需求量较大。辣椒开花到坐果，需要氮肥多；坐果到成熟，需钾肥多。

除几种常用的化肥和有机肥外，有几种新型有机肥在辣椒上表现良好。一是腐殖酸肥料，其将农作物秸秆及木屑等物质，配以适量的氮、磷、钾等营养成分，通过生物发酵，并从发酵料中提取出来的。腐殖酸生物活性能力强，可补充辣椒对微量元素的需求，促进生根，增强辣椒的抗旱能力，提高辣椒抗病能力，改善果实品质。二是复合微生物菌肥，采取独特配方工艺，以高营养植物蛋白、虾肽氨基酸等动植物原料为基质，通过复合微生物菌群梯度发酵而成的高浓度复合微生物液态菌肥，不仅可使多种病原菌畸形、细胞破裂、活性丧失，失去对作物的侵染，达到有效抗病、抗重茬效果，而且能改良土壤，提高肥料利用效率，保苗壮秧，生根促长；三是海藻肥料，以海洋植物海藻作为主要原料，经科学加工制成的生物肥料，主要成分是从海藻中提取的有利于植物生长发育的天然生物活性物质和海藻从海洋中吸收并富集在体内的矿质营养元素，包括海藻多糖、酚类多聚化合物、甘露醇、甜菜碱、植物生长调节物质（细胞分裂素、赤霉素、生长素和脱落酸等）和氮、磷、钾及铁、硼、钼、碘等营养元素。这些肥料不仅能有效提供辣椒生长所需要的养分和元素，还对土壤改良病害防控有较好的作用，应经常使用。

2. 基肥

①用量。一般每亩施农家肥 4～5 吨，45％硫酸钾型复合肥（15-15-15）45～60 千克或51％纯硫基复合肥（17-17-17）40～50 千克。如果没有农家肥，施用平衡型复合肥时，最好添加适量的生物肥。

②用法。整地前底施 60％，定植时沟施 40％，以保证较长时间内辣椒对肥料的需求。

3. 追肥

追肥一般在傍晚，原则是少量多次。苗定植成活后至开花前，施肥的主要作用在于促进植株生长健壮，为开花结果打好基础，一般在定植后 10 天左右，幼苗恢复生长，可追施粪肥加少量复合肥稳苗。忌施氮肥，防止植株徒长。稳施花肥，开花后至第 1 次采收前，施肥的主要作用是促进植株分枝、开花、坐果。可追施复合肥，浓度不宜太高，否则导致徒长，引起落花。重施果肥，一般在门椒果实坐住并开始膨大时进行第 1 次追肥，每亩施磷酸二铵 15～20 千克，结合膜下浇水冲施入土壤中，也可在大行间揭开地膜后穴施或沟施。此时若温度较低，土壤湿度高时，可只追肥不浇水。第 2 次追肥应在采收完对椒即第 2 层果实后进行，每亩追施氮磷钾三元复合肥 20 千克左右，或尿素、过磷酸钙、硫酸钾各 7 千克左右，施肥方法与第 1 次相同。结果中、后期追施肥料种类以氮肥、钾肥和速效有机肥为主，如尿素、硫酸钾、复合钾肥、复合黄腐酸锌、高效氨基酸肥等。一般每采收一次果，结合浇水追肥一次，每次每亩追施高氮高钾型肥料。但在寒冷天气下，不可在温室内施碳酸氢铵，易挥发的氨气容易熏坏叶片。

施肥要注意：一是控氮增钾。初花期应少施氮肥，以防茎叶徒长和落花落果。如茎上部明显增粗，叶片过大，叶柄向下弯曲，往往会使门椒在开花后落果，一旦出现这类现象，就要控制氮肥用量，增施钾肥加以矫正。二是分清辣椒用途。做鲜椒用追肥时偏氮肥，但是不能过量，否则旺长、坐果率低。制作干椒的重点在坐果上红后，在追氮肥的基础上增施钾肥。因为钾肥可增色，是决定干椒颜色、品质的元素。三是防止伤根。人粪尿一定要经过腐熟后加水施用，化肥要结合浇水进行追施，每次用量不宜过多。

4. 叶面肥

在低温期应适时进行叶面喷肥，叶面施肥又称根外施（追）肥，即通过叶面喷洒来补充辣椒所需的营养元素，起到调节植物生长、补充所缺元素、防早衰和增加产量的作用。由于在阴天、雨雪天等不良天气下，光合产物少，体内积累物质消耗多，久阴乍晴的第 1 个晴天，应进行叶面喷肥补充物质消耗，这既可补充植株营养，还可增强植株的抗寒能力和抗病能力。可选用的肥料有海藻酸类叶面肥、0.6％三元复合肥，0.2％磷酸二氢钾、糖氨溶液（即 0.5％的糖加 0.4％的尿素）、菌肥、复合微肥、光合微肥、螯合微肥等。海藻液体肥是一种新型多功能的液体肥料，集营养成分、抗生物质、植物激素于一体的新型肥料，经过特殊生化工艺处理，从天然海藻中有效地提取出精华物质，极大地保留了天然活性组分，含有大量非含氮有机物、陆生植物无法比拟的钾、钙、镁、铁、锌、碘等各种矿物质元素和丰富的维生素，特别富含海藻中所特有的海藻多糖、藻朊酸、高度不饱和脂肪酸和多种天然植物生长调节剂。因此，海藻液体肥是效果较好的叶面肥料。

为了更好地提高叶面肥的利用率，除了选择好的品牌和种类，重点考虑以下几个方面的因素：

①喷施浓度要合适。在一定浓度范围内，养分进入叶片的速度和数量，随溶液浓度的增加而增加，但浓度过高容易发生肥害，尤其是微量元素肥料，一般大中量元素（氮、磷、钾、钙、镁、硫）使用浓度在 500～600 倍，微量元素铁、锰、锌的使用浓度在 500～1 000 倍。

②喷施时间要适宜。叶面施肥时，湿润时间越长，叶片吸收养分越多，效果越好。一般情况下保持叶片湿润时间在 30～60 分钟为宜，因此叶面施肥最好在傍晚无风的天气进行；在有露水的早晨喷肥，会降低溶液的浓度，影响施肥的效果。雨天或雨前也不能进行叶面追肥，因为养分易被淋失，达不到应有的效果，若喷后 3 小时遇雨，待晴天时补喷一次，但浓度要适当降低。

③喷施要均匀、细致、周到。叶面施肥要求雾滴细小，喷施均匀，尤其要注意喷洒生长旺盛的上部叶片和叶的背面。

④喷施次数不应过少，应有间隔。叶面追肥的浓度一般都较低，每次的吸收量很少，与辣椒的需求量相比要低得多。因此，叶面施肥的次数一般不应少于3次。同时，间隔期至少应在一周以上，喷洒次数也不宜过多，防止造成肥害。

⑤叶面肥混用要得当。叶面追肥时，将两种或两种以上的叶面肥合理混用，可节省喷洒时间和用工，其增产效果也会更加显著。但肥料混合后必须无不良反应或不降低肥效，否则达不到混用目的。另外，肥料混合时要注意溶液的浓度和酸碱度，一般情况下溶液 pH 在 7 左右、中性条件下利于叶部吸收。

⑥在肥液中添加湿润剂。作物叶片上都有一层厚薄不一的角质层，溶液渗透比较困难，可在叶面肥溶液中加入适量的湿润剂，表面活化剂，增加表面张力，增加与叶片的接触面积，提高叶面追肥的效果。

⑦结合病虫害喷药防治。辣椒生长期间，结合病虫害喷药防治喷施叶面肥。在坐果后，适当的喷施 0.2%～0.4% 的尿素和磷酸二氢钾溶液，转化率高，可有效防止落花落果。

⑧适当使用钙、镁、硼肥。南方偏酸性土壤容易缺钙，可适当使用钙肥，每亩施用 50 千克钙肥防治辣椒脐腐病；在鲜椒采收的高峰期，辣椒需要吸收大量的镁肥，可喷施 0.5%～1% 的硝酸镁溶液，连喷 3 次，每次间隔 7 天；辣椒缺硼会影响坐果率，可喷施 0.1% 的硼砂溶液，连喷 3 次，每次间隔 7 天。

大量田间实验结果表明，植物在生长因素胁迫（营养、气候、水分）条件下，叶面施肥效果更容易显现；根部施肥是根本性施肥措施，根外施肥是辅助性施肥措施，不能本末倒置。

5. 安全施肥注意事项

施肥是否得当，不仅影响辣椒的产量和品质，而且会影响土壤的理化性质，进而引起一系列环境问题。

①多施用有机肥。有机肥不仅能给蔬菜提供丰富的营养，而且还能很好地改良土壤、调节土壤微生物环境、有效调节土壤酸碱度、降低土壤盐分。有机肥的来源很广，包括各种粪肥、饼肥、作物秸秆、稻壳、菌棒、锯末等，需要注意的是，施入棚室的有机肥必须充分腐熟，严禁生粪入地。因为没有腐熟的粪肥中会含有大量的虫卵、病原菌等，施入土壤不仅会引起病虫害大发生，而且没有腐熟的有机物在蔬菜生长过程中再次发酵而消耗土壤中大量的氧气，从而减少了土壤中的氧气含量，影响根系的生长和吸收，并出现烧根现象。

②尽量减少粪肥使用量。近几年，土壤盐渍化问题日趋严重，所以不推荐使用粪肥，无论是鸡粪还是牛粪、猪粪，一般购买的粪肥大多来自养殖场，养殖场在饲料中都会添加盐，造成粪肥中盐分含量高，这个问题通过发酵是没办法解决的，施入土壤中会进一步增加土壤中的盐分含量，导致土壤中 EC 值升高，严重影响蔬菜的生长，降低蔬菜的品质。

③充分利用有机物。秸秆、稻壳、锯末等都是很好的有机物，充分腐熟后不仅可以为辣椒提供丰富的营养，而且可以改良土壤，对于土壤严重板结的棚室，这些有机物的补充是必须的，可以借助夏季高温闷棚一起施入。具体方法是：利用夏季 6～7 月的高温季节，将上述有机物粉碎，然后均匀撒施到棚室内，接着进行深翻，然后浇水（水量一定要大，保证浇透 30 厘米深耕层土壤），覆盖 1 层崭新的地膜后密闭大棚。棚室至少要密闭 20 天以上，最好能达到 30 天。可以充分杀死土壤中的虫卵和病原菌，而且能保证施入的秸秆、稻壳等有机物充分腐熟。

④注意中、微量元素的施用。辣椒要想正常生长，16 种营养元素缺一不可。尤其是钙、镁、硼、锌、铁等元素，辣椒经常会因为缺乏某种元素而出现一系列问题，必须注意补充。尤其是钙肥，所有的蔬菜都是喜钙作物，钙已经成为除了氮磷钾以外的第 4 大营养元素，缺钙会引发很多问题，比如大白菜干烧心、番茄脐腐病、辣椒烂头和脐腐病、甜瓜干腐病等都是由于缺钙引起的。一旦出现缺钙症状，再补钙也是无济于事，并且会严重影响辣椒的商品性，导致种植效益下降，因此要提前进行补充钙肥。根据辣椒的不同特性和天气状况，选择不同的补充时期，比如开花结果期、盛果期都要进行硼钙肥的补充；连阴雨天气或者高温干旱天气，补充镁、锌、铁等元素。

⑤补充生物菌肥。为更好地提高各种肥料的利用率，要保持土壤微生物环境的稳定。化肥对土壤中的微生物有破坏性，所以要及时补充生物菌。生物菌肥既可以在底肥中施入，也可以在定植穴中施入，还可以在追肥时冲施，维持土壤中微生物的平衡。施用生物菌肥必须足量一次施入，否则起不到作用。

⑥合理使用化肥。化肥最好选择冲施肥，底肥中不要施入化肥，因为辣椒生长前期对氮、磷、钾等大量元素的需求量很小，可以在第 1 次追肥中施用化肥，1 亩地每次追施化肥不要超过 10 千克。辣椒植株上挂 4～5 个辣椒果实时进行追肥，这次追肥时间一定要掌握好，不能过早或过晚，过早容易导致苗子旺长，前期果实不再膨大，甚至会出现僵果；追肥过晚会导致脱肥，影响果实膨大。

⑦浇好空水。2 次追肥中间要浇 1 次空水，空水中可加入沼液、菌液、甲壳素、海藻酸、腐殖酸等来进行根系养护，这一点非常重要。根系是辣椒产量

形成的基础，要想辣椒获得优质高产，必须打造强健的根系，而根系的养护贯穿辣椒整个生长期。

⑧高钾肥料不能单独使用。菜农习惯在辣椒坐果以后使用高钾肥，需要注意的是高钾肥料不能单独使用，要配合钙肥一起使用，否则会出现着色不良等问题。尤其是辣椒结果中后期，一定要调节好钙钾肥比例，这是保证辣椒良好商品性的前提。合理配施钾肥、钙肥会让辣椒的果皮更加油亮，提高商品性。

九、水肥一体化技术

目前，我国农业用水量占总用水量的 60% 左右，灌溉水有效利用率仅为 30%～40%，远低于以色列、荷兰等国家。我国农用化肥施用量是世界上化肥施用量最多的国家，化肥的平均利用率仅为 33%，其中氮肥利用率为 30%～35%，磷肥利用率为 20%～25%，钾肥利用率也低于 50%。传统的施肥方式存在浪费水肥资源、土壤板结等问题。水肥一体化技术具有节水、节肥、提高作物产量和提升作物品质等优点，该技术对于缓解我国水资源短缺，节能减排，推动农业的可持续发展具有重要意义。因此，要根据辣椒栽培特点和设施情况，选择合适的水肥一体化技术。

1. 水肥一体化技术主要应用模式

主要技术应用模式有喷灌、微喷灌、滴灌和膜下滴灌等模式，其中以色列滴灌技术应用最为广泛。

喷灌是利用喷头将具有一定压力的水喷射到空中，形成细小水滴或形成弥雾降落到作物上和土壤中的灌溉方式。喷灌可用于各种类型的土壤和作物，对各种地形的适应性较强，可以控制喷水量和均匀性，避免产生地面径流和深层渗漏损失，一般比漫灌节水 30%～50%。除了自压喷灌系统外，喷灌系统都需要加压，喷灌受风力的影响较大，有空中损失，对空气湿度的影响较大，存在表层土壤润湿充分、深层土壤润湿不足的缺点。

微喷灌水肥一体化技术是营养液以较大的流速由低压管道系统的微喷头喷出，通过微喷头喷洒在土壤和农作物表面。微喷灌的优点是水肥利用率高、灵活性大、实用方便，可调节田间小气候。微喷灌的缺点是对灌溉水源水质的要求较高，必须对灌溉水进行过滤，田间微喷灌的喷头易被杂草、作物茎秆等杂物阻塞，而喷洒质量、均匀度等受风的影响较大。

滴灌是将具有一定压力的营养液，利用灌溉管道将营养液通过滴头，将水分和养分一滴一滴、均匀而又缓慢地滴入作物根区土壤中的灌溉技术。滴灌技术不破坏土壤结构，需要的工作压力小，可以减少无效的棵间蒸发，几乎没有深层渗漏，一次灌水延续时间较长，可以做到小水勤灌，具有较好的节水效果。滴灌的缺点是滴头易结垢和堵塞，可能造成滴灌区盐分的累积，影响作物根系的发展。因此，滴灌对水质的要求较大，初期投资较大，必须安装过滤器并需要定期清理和维护。

膜下滴灌技术是将滴灌管道铺设在膜下，通过管道系统将水肥送入滴灌带，由滴灌带上的滴头将水肥不断滴入土壤中。膜下滴灌水肥一体化的缺点如下：灌溉器容易阻塞，会引起浅层土壤盐分积累，限制根系的发展，高频率灌溉要求水电保证率高。调查显示，与传统灌溉相比，膜下滴灌可以节水30%～50%，增产20%～30%。

2. 水肥一体化控制系统

水肥一体化控制系统是整个水肥一体化技术的核心，目前采用的控制器类型主要有单片机、PLC、ARM等。近年来，我国引进了国外一些先进的水肥一体化设备，如引进了以色列 NE-TAFIM 公司福莱斯 3G 开放桶式施肥机。我国在引进国外水肥一体机先进技术的基础上，也因地制宜地研发了多种水肥一体化精量灌溉控制系统，有些注重控制算法研究，有些结合各种传感器、图像识别实现精准灌溉。

3. 辣椒滴灌水肥一体化技术

我国大部分地区在辣椒生产上广泛采用的灌溉施肥方式为漫灌和经验性施肥，缺乏水肥耦合。根据几个水肥一体化技术的应用模式的特点，结合辣椒的栽培要求，推荐采用辣椒滴灌水肥一体化技术。滴灌即将肥料溶解在水中，配制成一定浓度的营养液后，再输送到辣椒根部实现自动灌溉及施肥。

(1) 辣椒滴灌水肥一体化系统

滴灌水肥一体化技术由变频控制柜、水泵、止回阀、过滤器、远程压力表、控制阀、施肥器、水肥混合器（塑料大桶）、输水主管、支管、滴灌管组成。

①灌溉系统的建立。灌溉水优选来自地下深井水，水质尽量达到无污染、无杂质的清洁标准。水泵采用自吸式离心泵。通过变频控制柜和远程压力表，施肥器前段为离心式过滤器，施肥器后端为网式过滤器。输水主管埋入地下，支管与辣椒种植行垂直摆放在地上，滴灌管平行摆放在辣椒种植行内。

②施肥系统的建立。施肥器并联安装在输水主管网离心式过滤器与网式过滤器之间，输水主管网离心式过滤器与网式过滤器之间与施肥器两端各安装一个控制阀，用于调节滴灌系统的压力、流量与肥液的流量。施肥器吸水（肥）管放置在水肥混合容器（塑料大桶）内。施肥是水肥一体化系统的关键环节，根据肥料溶液加入方式不同，水肥一体化施肥方法主要有文丘里施肥法、压差式施肥法、重力自压式施肥法等。

文丘里施肥法的工作原理：当水流由管道的高压区向低压区流动时，经过文丘里管道喉部时流速加大，压力下降并形成负压，在管道内产生真空吸力，将肥料母液从肥料管吸取至灌溉系统。文丘里施肥法的优点是结构简单，成本低，安装方便，无须外部能耗，吸肥量范围大，可实现按比例施肥和保持恒定的养分浓度。因此，文丘里施肥法在施肥设备中应用范围最广。其缺点是压力损失较大，一般适于灌溉面积不大的场合。

压差式施肥法又称旁通罐施肥法，它由 2 根细管与主管道相连接，在主管道上 2 条细管（分别为进水管、排液管）之间设置一个调压阀，通过调节调压阀使施肥罐上的进水管和排液管之间形成压力差，使得一部分水由进水管流入施肥罐，水溶解罐中肥料后，肥料溶液由排液管进入主管道，将肥料带到辣椒根系。压差式施肥法的优点是制造成本低，操作简单，可直接使用固体肥料，无须预配肥料母液，不需要外加动力设备；其缺点是施肥浓度不恒定，肥料溶液浓度随施肥时间的延长而逐渐降低，施肥罐容积有限，反复添加肥料母液，操作过于烦琐。

重力自压式施肥法是在灌溉水池处建一个高于水池液面的肥料母液池，池底安装肥液流出管道，利用肥液自身重力流入灌溉水池。该方法适用于有地势落差的场合，如丘陵山区果园等。该方法的优点是可以控制施肥浓度和速度，无须外部能耗，投资小，操作简便。该方法的缺点是灌溉水池易滋生藻类、苔藓等植物，需要定期清理。

（2）辣椒滴灌灌水方案

缓苗水：辣椒定植后马上用滴灌灌透水促进缓苗，每公顷（15 亩）灌水量 225～300 米^3，加速秧苗根系与土壤的结合。

蹲苗水：缓苗之后，辣椒要适当控制水分，进行辣椒蹲苗，蹲苗有利于根系的深扎。灌水量的大小，要根据环境、天气、土壤状况、生长势等因素进行合理的调控。

蹲苗至开花期：每次每公顷灌水量 105～120 米^3。

开花期至门椒初坐果期：每次每公顷灌水量 150～180 米^3。

门椒开始收获至收获结束：每次每公顷灌水量 180 米^3。

灌溉频率：根据种植季节，高温天气 5～7 天灌水 1 次，气温比较低时 10～15 天灌水 1 次。开花坐果后，每次灌水均需施肥。为了确保肥料保持在辣椒根区，灌水时应注意：在灌溉期间的前 1/4 时段灌水，接下来的 1/2 时段灌水施肥，最后 1/4 时段灌水。

灌水注意事项：辣椒主要的营养根系在 15 厘米左右，因为水泵上水量不同，具体施肥量、施肥时间应根据实际的天气情况、栽培基质含水量的多少及膜下滴灌水肥一体化"少量多次、少施勤施、挖根施肥"等原则进行。水量应集中浇到辣椒主要根系部位。多种肥料配方交替施用，效果更佳。建议提前10分钟把肥料溶解好。以1小时灌溉为例，滴灌系统运行时，不要立即施肥，先浇10~15分钟的清水，这样有利于湿润地面，使肥液更好到达作物的营养根区，然后灌溉施肥30~40分钟。施肥完毕后，再灌溉清水10分钟左右，这样有利于清洗管道内残留的肥液，减少残留在地表的肥液经过蒸发而造成的氨气中毒。

（3）辣椒滴灌施肥方案

①底肥。整地时，每亩可施用腐熟有机肥3吨、优质饼肥100千克、含氮磷钾为15-15-15的硫酸钾三元复合肥100千克。

②追肥。液态肥料要求在使用时不需要搅动或混合即可溶解，固态肥料需要与水混合搅拌成液肥，必要时分离，避免出现沉淀等问题。肥料要选用水溶性好、养分全面、杂质少、无激素、腐蚀性弱的肥料。

③苗期。开始滴灌施肥，最佳时机是出现缺水现象时施肥。苗期适当控制水肥供应，有利于开花坐果。施用氮磷钾比例为26-12-12的配方肥，用量为每次每公顷45千克。苗期施肥可促进根系的生长，为下一步花芽分化及进一步的营养生长打下基础。

④开花期坐果期（门椒现蕾至初坐果期）。施用氮磷钾比例为19-19-19的配方肥，用量为每次每公顷75千克。此期施肥是为了促进辣椒不断地分枝、开花、结果。保证辣椒营养生长和生殖生长对养分的需求，促进花芽分化，保花保果，提高抗病能力。

⑤坐果期（门椒坐果至拉秧）。门椒坐果后，果实开始迅速生长，分叉和开花数目增加，应加大施肥量，此期使用氮磷钾比例为19-19-19的配方肥与比例为15-10-30的高钾肥交替施用。2次高钾肥15-10-30后再施用1次平衡肥19-19-19，每次每公顷施用60~75千克。

施肥注意事项：钙肥可单独施用，或把钙肥和大量元素水溶肥分别配成母液，然后再混合快速施用，减少钙和其他元素产生拮抗作用，而影响施肥效果。

（4）水肥一体化灌溉操作

①灌溉操作。灌溉时应关闭施肥器上的阀门，把滴灌系统支管的控制阀完全打开，灌溉结束时先切断动力，然后立即关闭控制阀。滴灌的原则是少量多次，不要以延长滴灌时间达到多灌水的目的。

②施肥操作。按照施肥方案要求，先将肥料溶解于水，施肥时将肥液倒入敞开的容器中用吸肥器吸入。每次加肥时须控制好肥液的浓度，一般每立方米的水中加入1~1.5千克肥料，肥料用量不宜过大，防止浪费肥料和系统堵塞，每次施肥结束后再灌溉10~15分钟冲洗管道。

（5）水肥一体化系统维护

滴灌施肥系统运行开始，要做到每次灌溉结束后及时清洗过滤器，以备下次灌溉时使用，施肥罐底部的残渣要经常清理。在灌溉季节，定时将每条滴灌管的尾巴敞开，加大管道内的压力，将滴灌管内的污物冲出。尽量避免在辣椒生长期用酸性物质冲洗，以防滴头附近的土壤 pH 发生很大变化。如有必要用酸清洗，要选择在农闲时候进行，应用 30％的稀盐酸溶液 40～50 升注入滴灌管，保留 20 分钟后用清水冲洗。

十、缺素症状识别与防治

1. 辣椒缺氮症状及防治

①症状。植株发育不良，叶片黄化，黄化从叶脉间扩展到全叶，整个植株较矮小。生长初期缺氮，基本上停止生长，严重时会出现落花落果，根系最初比正常色白而细长，但数量少，后期根系停止伸长，呈现褐色，茎细，多木质，分枝少。缺氮的症状通常从老叶开始，逐渐扩展到上部幼叶。

②成因。前茬施用有机肥或氮肥少，土壤中含氮量低、施用稻草等有机物料过多、降雨多、氮素淋溶多时易造成缺氮。质地粗糙的沙性土壤速效氮容易流失，容易缺氮。在土壤中施用未经腐熟的稻壳、麦糠、锯末等，因为继续发酵需要大量使用土壤中的速效氮，因此也会出现缺氮现象。

③防治措施。施用堆肥或充分腐熟的有机肥，采用配方施肥技术。出现缺氮症状时，将碳酸氢铵或尿素等混入 10～15 倍的腐熟有机肥中，施于植株两侧后覆土、浇水。土壤板结时可多施一些微生物肥。叶面喷施 300～500 倍液的尿素，外加 100 倍液的白糖和食醋，可以缓解缺氮的症状。最简单有效的方法是施高氮型水溶肥，辣椒吸收效果更佳。

2. 辣椒缺磷症状及防治

①症状。辣椒在苗期缺磷时，植株矮小，叶色深绿，由下而上落叶，叶尖变黑枯死，生长停滞，早期缺磷一般很少表现症状。成株期缺磷时，植株矮小，叶背多呈紫红色，茎细，直立，分枝少，延迟结果和成熟。

②成因。苗期遇低温会影响磷的吸收，酸性土壤中，磷容易被铁和铝固定失去活性，从而发生缺磷症状，另外，地势低洼，排水不良，地温低、偏施氮肥都可能引发缺磷症状。

③防治措施。将过磷酸钙与 10 倍的有机肥混合使用，可以大大减少磷被土壤固定的概率。育苗期及定植期要注意施足磷肥。发生缺磷时，除在根部追施过磷酸钙外，叶面喷施 0.3％磷酸二氢钾溶液或 0.5％过磷酸钙浸提液可以迅速

解除症状。

3. 辣椒缺钾症状及防治

①症状。辣椒缺钾症使得辣椒植株生长缓慢，辣椒叶脉间出现斑点，叶缘变黄，叶片易脱落。成株期缺钾时，下部叶片叶尖开始发黄，后沿叶缘或叶脉间形成黄色麻点，叶缘逐渐干枯，向内扩至全叶呈灼烧状或坏死状；叶片从老叶向新叶或从叶尖端向叶柄发展，植株易失水，造成枯萎，果实小、易落，减产明显。

②成因。土壤中含钾量低或沙质土易缺钾，生育中期果实膨大需钾肥多，如供应不足易发生缺钾。忽视钾肥施用是缺钾的主要原因，地温低、日照不足、土壤过湿等条件也会阻碍植株对钾的吸收。氮肥施用过多，由于离子的拮抗作用，也会影响对钾的吸收。

③防治措施。缺钾时，在多施有机肥的基础上，施入足量钾肥，从两侧开沟施入硫酸钾、草木灰，海藻肥施后覆土，也可叶面喷洒 0.2%～0.3% 磷酸二氢钾或 1% 草木灰浸出液。施肥时要注意氮、钾的比例，钾肥的量一定不能减少。在果实膨大期加大对钾肥的施用，保证辣椒充足的营养供应。并且在施肥时避开高温多雨的天气，控制好水流速度，让养分得到充分的吸收，提高养分利用率。

4. 辣椒缺钙症状及防治

①症状。缺钙常发生在果实和贮藏器官上。花期缺钙，植株矮小，顶叶黄化，叶尖及叶缘部分黄化而下部叶保持绿色，生长点及其附近枯死或停止生长，引起果实下部变褐色，叶片从上向下脱落，后全株呈光秆状。结果期缺钙时，果实会发生脐腐病或者"僵果"。

②成因。主要原因是施用氮肥、钾肥过量会阻碍对钙的吸收和利用；土壤干燥、土壤水分过高，也会阻碍对钙的吸收；空气湿度小，蒸发快，补水不及时及缺钙的酸性土壤都会出现缺钙症状。

③防治措施。栽培过程中，要增施有机肥，避免偏施氮肥，防止土壤干旱，灌水后要及时松土，注意不要使土壤过度干旱缺水。在老菜田中施用石灰调节土壤酸碱度，可同时补充钙；另在酸性缺钙土壤中可增施含钙肥料。缺钙时，可以喷施 300 倍液的氯化钙或施用适量石灰。应急时可叶面喷洒水溶钙，用 0.3%～0.5% 的氯化钙水溶液，每隔 3～4 天喷施 1 次，连续喷施 3 次。

5. 辣椒缺镁症状及防治

①症状。一般是从下部叶片开始发生，多出现在老叶上，其症状表现为叶脉间缺绿或变黄，严重时坏死。在果实膨大期靠近果实的叶片先发病。起初叶片灰绿，叶脉间淡黄色后变为黄色后沿主脉两侧黄化，逐渐扩至全叶，但主

脉、侧脉仍保持绿色。若是甜椒缺镁，症状表现常始于叶尖，逐渐扩至叶脉两侧叶肉部分。

②成因。土壤低温、酸性、氮、磷肥过量，有机肥少，都会造成缺镁严重。沙壤中辣椒出现缺镁症状，多是因为土壤本身缺镁。其他类型的土壤出现缺镁症状，多是施钾肥过多、地温低和缺磷造成的。

③防治措施。选择疏松肥沃的田块栽培。注意土壤改良，酸性、碱性土壤要改良为中性。对于土壤供镁不足造成的缺镁，可施镁肥补充，将硫酸镁按每亩用量 2～4 千克（按有效镁计）施用，对一些酸性土壤整地时可以施生石灰每亩 50～100 千克进行调节。增施有机肥，注意氮、磷、钾肥配合施用，避免偏施氮肥。出现缺镁症状时，叶面及时喷施 0.2%～0.3% 硫酸镁溶液，每隔 2 天喷 1 次，连续喷 2～3 次。此外，要加强温湿度管理，前期尤其要注意提高棚温，地温要保持在 16℃ 以上，灌水最好采用滴灌或喷灌，适当控制浇水，严防大水漫灌，促进根系生长发育。

6. 辣椒缺锌症状及防治

①症状。老叶失绿（有时嫩叶也失绿），叶脉间失绿，黄化或白化。顶端生长迟缓，发生顶枯，植株矮，顶部小叶丛生，叶畸形细小，叶片卷曲或皱缩，有褐色的斑，几天内叶片枯黄或脱落，类似病毒病症状。

②成因。缺锌一般发生在 pH＞7 的土壤中，土壤偏碱，使得土壤中的锌成为难溶解的锌化合物，不能被辣椒正常吸收利用；如果土壤中的磷元素含量过高，与锌结合成难溶性的磷酸锌也会影响辣椒对锌的吸收；此外光照过强也容易出现缺锌症状。

③防治措施。缺锌症状时，于辣椒现蕾至盛果期喷施 2～3 次 0.05% 的硫酸锌溶液，同时不能施磷过量。预防缺锌可用硫酸锌拌种或浸种。

7. 辣椒缺硼症状及防治

①症状。缺硼症状首先表现在植株上部的生长点嫩叶。自顶叶黄化、凋萎，顶端茎及叶柄折断，内部变黑，茎上有木栓状龟裂。发病时叶片发生扭曲、皱缩，叶柄和叶脉硬化，容易折断。花蕾和幼果脱落，植株生长发育停止，花发育不全，果实畸形。果面有分散的暗色干枯斑，果肉出现褐色下陷和木栓化（田间诊断时此病区别于病毒病的典型特征是扭曲皱缩的叶片没有花叶、黄化的现象）。

②成因。连作田块、大棚栽培多发这种生理病害，土壤酸化，硼大量流失，或过量施用石灰都容易引起硼缺乏。土壤干旱，有机肥施用少，高温等条件下也容易发生缺硼。钾肥施用过量，也会抑制植株对硼的吸收。

③防治措施。一是增施有机肥：尤其是要多施腐熟厩肥，厩肥中含硼较

多，可使土壤肥沃，增强保水保肥能力，减少干旱危害，促进根系扩展，并可促进植株对硼的吸收，防止土壤酸化或碱化。二是改良土壤：一旦土壤出现酸化或碱化，要加以改良。要加强管理，防止土壤干旱或过湿，否则会影响根系对硼的吸收。三是增施硼肥：出现缺硼症状时，应及时向叶面喷施 0.1%～0.2%硼砂溶液，每隔 7～10 天 1 次，连续喷 2～3 次。也可以每亩施硼砂0.5～0.8 千克兑水浇施。

8. 辣椒缺锰症状及防治

①症状。从新叶开始出现症状，逐渐向较大叶片扩张。新叶的叶脉间变黄绿色，叶脉仍为绿色，变黄部分不久变为褐色。

②成因。土壤偏碱、pH 偏高；土壤有机质偏高，地下水位较浅；沙质、易淋溶土壤。此外，低温、弱光条件下也能抑制辣椒对锰的吸收。

③防治措施。一是每亩地施用四水硫酸锰 10 千克，一年 1 次；二是叶片喷洒四水硫酸锰 500～1 000 倍液或氯化锰 500～1 000 倍液，间隔 10 天 1 次；三是每亩随水冲施酸性肥料四水硫酸锰 10～20 千克；四是急病急治时，叶面喷洒络合锰，高温季节喷洒 1 000 倍液，寒冬季节喷洒 500 倍液，治疗效果很好。

9. 辣椒缺铁症状及防治

①症状。缺铁的症状首先在辣椒植株的顶端等幼嫩部位表现出来，新叶除叶脉外都变成淡绿色，在腋芽上也长出叶脉间淡绿色的叶，下部叶片发生少。

②成因。由于过多的浇水施肥，造成根系生长不良，导致辣椒根系对铁的吸收被阻碍，从而引发缺铁。

③防治措施。缺铁时，叶面喷施水溶肥 800～1 500 倍液或者叶面肥 600～1 000 倍液。严重缺铁时，可以叶面喷洒 0.5%～1%硫酸亚铁溶液 2～3 次。

10. 轮作预防微量元素缺失

轮作是用地养地相结合的一种措施，一是有利于均衡利用土壤养分和微量元素；二是促进土壤中对病原物有拮抗作用的微生物的活动，从而抑制病原物的滋生；三是能有效改善田地生态条件，改善土壤理化特性，增加生物多样性，调节土壤肥力，最终达到增产增收的目的；四是合理轮作能有效防治病、虫、草害，合理轮作换茬，因食物条件恶化和寄主的减少，将使寄生性强、寄主植物种类单一及迁移能力小的病虫大量死亡。

辣椒轮作方式有以下 3 种：

①水旱轮作。南方水稻产区实行辣椒-水稻轮作，这是较理想的轮作方式。这种轮作方式水旱交替，可恶化病虫害环境条件，既可减轻辣椒病虫害，又可减轻水稻病虫害，还可改善土壤结构。

②辣椒-粮食作物轮作。这种方式适宜于那些只能进行旱作的土壤，一般与玉米等粮食作物进行轮作。

③换土栽培。在稻田四周只种一行辣椒，初冬辣椒收获完毕后，将种植辣椒的土壤全部换到稻田里，再重新从稻田里取土，置于水田四周，冬季或来年春季再种植辣椒。这种办法种辣椒，连年可获高产，因为辣椒地年年是新换的肥沃土壤，土质好、养分足、病害少、水源近，无论怎样干旱，其根系都有水分吸收，即使浇水也十分省工、方便，故易获得高产。

十一、预防寒害

1. 寒害的影响

辣椒是喜温蔬菜，对温度适应范围较广，但要求较为严格，整个生长期间的温度范围为 12～35℃。温度持续低于 12℃时，植株生长缓慢，授粉困难，容易引起落花、落果；低于 5℃，则植株易遭寒害而死亡。辣椒生产遭受寒害的程度与低温强度、降温幅度、持续时间以及有害积寒等致灾因子密切相关。华南地区，冬种辣椒一般在 9 月中上旬播种，9 月底至 10 月上旬定植。寒潮入侵前，正值辣椒生长发育时期，气温往往异常温暖，植株在温暖的环境下生长旺盛，体内积累糖分少、含水率高、抗寒能力较弱，遇到强寒潮天气后，其适应性能和自我保护能力下降。在气温剧烈陡升陡降情况下，不仅耐寒性弱的辣椒品种会受到严重危害，就连耐寒性强的品种也难以适应。而持续低温更使辣椒植株得不到生长复苏的机会而造成累积受害。当日最低气温≤10℃、持续日数≥3 天的寒害过程发生时可对冬种辣椒造成危害。辣椒受寒害症状主要表现为植株叶片萎缩、卷边并逐渐脱落，部分植株受害枯死。

近年来，辣椒种植面积逐年扩大，在华南地区很多辣椒都是露地栽培，生产当中常常遭遇低温胁迫，冬季寒害是华南地区冬季辣椒生产面临的一个主要灾害，给菜农造成不小的损失。华南地区濒临太平洋，季风气候显著。受蒙古国高压的影响，北方冷空气从 9 月下旬开始活跃入侵，直至次年 3 月才开始逐渐北退，其中 85% 的寒害集中在 12 月至次年 1 月。冬季强冷空气入侵时，24 小时平均气温可急降 8℃ 或以上，严重时可达 10～20℃，最低气温可降至 5℃ 或以下，粤北地区严重时气温降至 -7℃。冷空气入侵华南地区北部的概率在 90% 以上，入侵西南的概率为 70%～80%，入侵东南沿海的概率为 50%～60%。20 世纪 50 年代以来，华南地区先后发生不少于 9 次的严重冬季寒害。其中 20 世纪 90 年代冬季出现的 4 次寒潮给华南地区冬季农业造成直接经济损失超过 213 亿元。海南虽然地处热带，但冬季仍可受北方冷空气影响，低温灾害虽然发生概率和范围相对较小，但其影响也不容忽视，如 2003 年和 2020 年冬季长期的低温，导致辣椒减产 20%～30%。此外，冬季低温阴雨天气也会影响辣椒生产。连续阴雨能使土壤水分长期处于饱和状态，辣椒根系通气不良，生长发育受阻。长时间持续阴雨会使辣椒发生渍害和湿害，长势削弱，辣椒光合作用不足，出现烂叶、烂根、霉变、死苗的现象，最终由于植株生长发育不正常而影响到辣椒的品质和产量。随着华南地区高产、高效、高附加值冬季农业的快速发展，辣椒作为主要冬种作物的栽培面积在逐年扩大，这势必会加大华南地区冬季辣椒寒害的敏感性和危害性。

2. 预防寒害的措施

为保障冬季辣椒的安全越冬生产，提出以下几点建议：

①选择抗寒品种。可选用胜寒 740、鲁椒 3 号等抗寒性较强的品种。

②选择坡向种植。冷空气在山区迎风坡堆积，而山南背风坡受冷空气影响很小，因此，在自然环境中需要考虑地区坡向的问题。

③配备适当抗寒措施。目前普遍采用地膜覆盖的栽培方式，可获得良好的保温抗寒效果，大大降低冬种辣椒遭受寒害的风险。也可适当铺上稻草在垄上。

④喷施抗寒诱导剂。研究表明：烯效唑、芸苔素内酯、胺鲜酯、氨基寡糖素等植物诱抗剂或植物生长调节剂等能保护辣椒幼苗抵御一定程度的低温伤害，喷施后均能增加辣椒株高、茎粗、干物质含量、抗寒指数。

⑤降低土壤湿度。田间管理时及时清理工作沟和环田沟，降低地下水位，增强耕层通透性，同时除去畦面杂草。降低土壤湿度能有效缓解夜间低温。

⑥及时补肥。待气温回暖后，施肥促生长，有设施的园地，采取以水带肥的方法加强肥水管理，亩每次施复合肥 20～30 千克，氯化钾 10～20 千克，尿素 3～6 千克，另加沼气渣 400～500 千克或腐殖酸 1～2 千克，每 8～10 天施 1 次。同时，可采取叶面喷施氨基寡糖素、磷酸二氢钾或复硝酚钠，每隔 7 天喷 1 次，连喷 1～3 次，既改善植株根系生态环境，又能增强植株抗性。

十二、设施栽培

辣椒的设施栽培主要在北方，技术已比较成熟，近几年随着南方设施农业的发展，也开始应用在南方的辣椒生产中。南方相当一部分大棚照搬北方大棚的设计理念，冬春季节大棚保温效果尚可，但夏秋季节大棚温度较高，在生产中利用时间较短，周年利用率较低，影响整体效益的发挥。针对南方的气候特点，设施栽培辣椒有几点需注意。

1. 南方设施大棚栽培辣椒的要求

设施大棚栽种辣椒，南方应根据气候特点，大棚在设计中重点考虑以下几点因素：一是夏秋的降温问题，能确保在夏秋高温季节正常使用；二是相对抗风，根据不同的棚型要求能抵抗 10～12 级的台风；三是能抵挡暴雨和防止棚内水淹；四是能阻隔虫源。其中，最关键的是夏秋季的降温问题。南方设施大棚设计不能照搬北方的设计理念，要按照"空气比热"的物理学原理，通过改变棚型结构，促进热空气上升排出棚外，使冷空气下沉控制棚内温度升高，达到降低棚内温度的目的。

2. 加强降温措施建设

为提高大棚周年使用效率，尤其是能确保夏秋高温季节大棚正常使用进行辣椒栽培，建议采取以下降温措施。

①采取网膜混盖方式。对于一些比较简易的中型生产大棚，可选择能同时起到降温、挡雨、隔虫的网膜混盖。主要措施为：棚四周覆盖防虫网，拱棚两个斜面覆盖薄膜；棚顶正中留 0.8～1.0 米的通风道，通风道上面覆盖一幅相适应宽度的防虫网或遮阳网，两端用"U"形卡槽卡住；棚中间还可每隔一定距离拉几根压膜线，使加盖的防虫网或遮阳网得到较好固定。

②配套外遮阳与内遮阳。对于一些中高档大棚，应配套外遮阳网并安装自动控制设备；其中设计较高的大棚还应配置内遮阳网，以便在光照强烈时使用。测试结果表明，覆盖外遮阳网，能使棚内室温降低 2～3℃；再加内遮阳网，能使棚内室温降低 3～5℃。

③棚内底部四周安装循环冷水管。对于中高档大棚，要确保在炎热的夏秋季使用，可以在棚内底部四周安装循环水管，以便抽取深井水导入循环水管并进行地面与地下循环，不断带走热量，达到降低棚内温度的目的。这种降温方式有利于下半夜开启降低夜温模式，对辣椒产品提质效果更好。

④大棚北端上部安装排气扇。对于棚型较矮的一些中档大棚，宜在北端上部安装排气扇；如果是连栋棚，每个棚拱应安装 1 台，以便在空气闷热时通过顶部排气扇进行强制通风，达到降低棚内温度的目的。

⑤棚内安装吸湿降温风机。对于密封效果好的高档大棚，宜将普通的垂直风机改为能吸湿降温的垂直风机；一般 550～600 米^2 安装 2 台即可，正常情况下能降温 3℃以上。

⑥棚内安装倒挂式喷雾装置。大多数中低档大棚可在棚内安装倒挂式喷雾装置，宜选择雾化程度高的滴头，雾化越细表面积越大，带走热量越多降温效果越好。如果倒挂式喷雾装置配上顶部排气扇，则降温效果更为理想。

3. 调控棚内温、湿、气、光

辣椒是喜温蔬菜，生长适温为 20～30℃，温度在 10℃以下停止生长，温度长期处于 5℃以下会死亡。空气湿度对辣椒生长影响不大，但空气湿度过大，容易引起病菌大量繁殖和传播，导致病害大发生。由于施肥等原因，棚内土壤可能会产生一些有害气体，如氨气、二氧化硫等；辣椒在较强的光照条件下才能良好生长，光照不足，产量低，品质差，但幼苗期和定植缓苗期强光照会导致辣椒死苗。因此，延秋辣椒育苗和定植时，需要使用遮阳网。

调控要点：一是不管是春提前栽培还是秋延后栽培的辣椒，从定植前到完成采摘，要全程覆盖大棚膜。二是应用标准钢架大棚，使用卡槽固定棚膜或压膜线压膜，实行大棚两边通风（而不是两头通风）。早春、晚秋和冬季在大棚两边通风口围上围裙膜，以利保温。三是春提前栽培的辣椒在定植后 7 天密闭大棚，7 天后中午通风 2～3 小时，逐渐加大通风量，降低棚内湿度，使棚内外空气流通。如遇阴雨天或大风可适当控制通风。到 5 月中下旬，夜间气温达到 15℃以上，不再密闭大棚，实施昼夜通风。四是秋延后栽培育苗需在大棚膜上加盖遮光率为 50%～70%的遮阳网。定植前，需在定植棚上加盖遮光率为 70%～80%的遮阳网，定植后 7～10 天拆下遮阳网。定植后，开始实行昼夜通风降温，同时采用滴灌加大灌溉量，降低地温，增加湿度。如遇大风、暴雨，需临时拉下棚膜，盖严通风口，但要注意棚内温度不能过高，如达到 32℃以上，需及时通风降温。

第四章

辣椒主要病虫害绿色防控

一、生态调控

1. 翻耕晒垡

深翻土地30厘米，冬耕冬灌，可消灭越冬蛹，整地晒田7天以上。

2. 合理轮作

辣椒不能与茄子、番茄、马铃薯等茄科蔬菜作物轮作，通常有以下3种轮作方式：一是玉米和辣椒轮作。这是北方常见的轮作方式，第一年在农田种植玉米，第二年则种植辣椒，辣椒同玉米分别属于不同的科种，不会发生病害交叉感染的情况。二是大豆和辣椒轮作。大豆作为豆科植物，在我国东北地区有着广阔的种植面积，因此在大豆主产区农民轮换这两种农作物也是非常适宜的，且大豆属于豆科植物，能够根瘤菌固氮，有助于下茬农作物的生长。三是水稻和辣椒轮作。这种方式也称之为水旱轮作，在南方水稻大面积种植主产区更为常见。水稻种植地是水田，能够最大程度恶化辣椒病原菌的生存环境，同时在种植辣椒前，通常还会进行晒田，大大减轻了辣椒的发病概率，同时种植辣椒为陆田，又大大减轻了水稻病害的发生，可谓一举两得。

3. 选择抗病品种

甜椒宜选用中椒108、国禧105、玛索、娜拉等抗病毒病较好的品种，辣椒宜选择农大24、农大3号、龙鼎等综合抗病性强的品种。

4. 培育壮苗

把好育苗关，采用防虫网等棚室密封育苗，对育苗基质、育苗棚室及内部设施进行严格消毒，培育无病虫壮苗，选用壮苗进行移栽。

5. 生物多样性调控

农田生物多样性是以自然生物多样性为基础，以人类的生存和发展为动力而形成的人与自然相互作用的生物多样性系统，主要指农田生态系统中的农作物、杂草、动物、微生物等生物多样性。它们之间有不同的功能，而且不同的措施影响着农田生态系统的组成与功能。目前，在世界农业生产中，利用增加作物或昆虫的多样性来减少为害是提高产量的有效措施。

结合社会、经济和生态效益，农业生物多样性调控害虫的措施主要有：

①合理、科学地进行作物间作、套作或轮作，对于某些作物也可以采取适当混作的方式，提高作物的多样性，增加土地利用率。农田物种多样性是目前世界农业中应用、推广较多的种植模式。合理的作物品种搭配，可以避免农田系统中植被单纯，群落结构简单，能够有效调节昆虫的行为，提高土地利用率，增加经济效益。辣椒可与黄瓜、玉米、大豆、油菜、花生、绿肥、茶树、葡萄等作物进行间作套种。

②种植诱虫作物（彩图 4-1）。在辣椒田地周边种植诱虫作物，减少对辣椒作物的危害，同时可以集中对有害生物进行综合处理。诱虫作物主要从物理特性和化学特性两个方面形成比主栽作物更强的引诱力，使主栽作物得以保护。诱虫作物在生产中主要用来诱集害虫、给天敌提供避难和繁殖场所，其作用效果与诱虫作物的品种、播期和田间管理、害虫行为、对天敌的调控、与其他害虫防治方法的有机配合等有重要关系。采用引诱-排斥多策略相结合的方法，利用对害虫同时具有诱集和杀灭作用的植物作为诱虫作物，将大大增强诱虫作物在害虫治理中应用的可行性。

研究表明，几乎所有的害虫都会对某种植物或作物品种、变种或作物的某一生长期表现出明显的偏好。在作物田间种植小面积的、能够强烈吸引目标害虫的诱虫作物，阻止害虫到达主栽作物，或使害虫集中到田间特定部位以便被消灭，从而使主栽作物得以保护，是一种传统的、重要的农业防治技术。在有机农药出现以前，种植诱虫作物就是人们常用的害虫防治措施，在现代害虫治理中亦具有重要作用。

诱虫作物的作用机制。诱虫作物主要通过影响植食性昆虫的产卵和取食行为使主栽作物得以保护，特别是植食性昆虫的产卵选择行为将决定其幼虫的种群分布及取食危害情况。害虫选择寄主过程由 3 个相互连接的链节组成，第 1 链节受来自植物的挥发物所调控，第 2 链节是由视觉刺激所控制，第 3 链节则由植物的非挥发性物质控制。诱虫作物主要从物理特性和化学特性两个方面通过对害虫的视觉、嗅觉、触觉、味觉等感觉器官的影响，形成比主栽作物更强的引诱力。

在物理特性方面，诱虫作物的形状、大小、高低、颜色等对害虫行为具有较大的影响。在化学特性方面，诱虫作物释放的挥发物比主栽作物对害虫具有更强的引诱力，调控处于搜索状态的害虫向其富集。诱虫作物与主栽作物植株所含的化合物尤其是挥发性化合物成分的差异是造成它们对目标害虫具有不同引诱力的重要原因。

诱虫作物在生产中的主要作用是诱集害虫。在辣椒生产中，诱虫作物可与辣椒有两种基本配置方式：一是将诱虫作物种植成植物带与辣椒间作。二是将诱虫作物带种植在辣椒田地四周。在某些情况下，也可以将两种方式结合起来使用。诱虫作物将害虫诱集到其上面，避免对辣椒的危害。三是诱虫作物给天敌提供避难和繁殖场所。利用诱虫作物防治害虫是一种环境友好的生物防治方法，减少了大田中杀虫剂的使用，创造了多样化的作物生态系统，有利于增强害虫寄生性天敌和捕食性天敌的控害潜能。此外，诱虫作物还可以作为某些害虫监测的有力工具。

影响诱虫作物效果的主要因素主要有三个：一是诱虫作物的品种。在利用诱虫作物时，要针对辣椒及其主要害虫的生物学习性选择适当的植物种类作为诱虫作物。诱虫作物可以是与辣椒同种的早熟或晚熟品种，或是完全不同的植物，但必须在辣椒生长的关键时期或整个生长期对害虫比辣椒具有更强的吸引力。比如：在辣椒田地周边种植玉米诱集带可以有效诱杀棉铃虫。二是诱虫作物的种植比例和布局。诱虫作物一般是按一定的比例，在一定时期内种植在辣椒田地，如果比例太大，将会影响辣椒的产量，种植者不易接受；反之，如果比例太小，对害虫的引诱力就会降低，起不到应有的诱虫效果。一般根据生产实践经验或田间试验结果确定适当的比例，大多数诱虫作物占主栽作物种植面积的 $1\%\sim10\%$。现已报道应用成功的例子多数是把诱虫作物种植在主栽作物田四周。三是诱虫作物的播期。诱虫作物的播期适当才能使之在主栽作物的关键时期或整个生长期保持比主栽作物对害虫有更强的引诱力。

③保护非作物环境。如保留田埂、水沟等地具有较高耐受性的特殊杂草和开花植物等，为天敌提供必要的场所。

6. 水分、湿度调控

植物体内所含的水分常达总重的 80% 以上，植物的一切基本生活功能，都要求水分的存在，没有水分植物的代谢功能就将停止。但辣椒的生物学特性不宜在过湿状态下生长，因此要及时调整作物水分和湿度，以防发生病害和湿害。大棚及温室的密封性常阻止水分散失，导致棚室内出现空气湿度过高的现象，相对湿度常达 90% 以上，而辣椒正常生长要求相对湿度 $50\%\sim70\%$，高湿环境致使叶面水分凝结，辣椒植株软弱，蒸腾、光合、呼吸速率下降，也引起病害传播，故大棚温室栽培辣椒常采取加强室内通风，待室内气温达到25～30℃时，开始放风排湿；室内气温降到 20℃时，再压严风口提温，气温回升到 25～30℃时，继续放风排湿。每天中午时段，若条件许可，以排湿 2 次为佳。除了放风排湿外还可以使用抗蒸腾剂关闭气孔，增加 CO_2 浓度，减少气孔开度和减少灌溉量、降低土壤湿度来调控。

7. 光温调控

（1）光照调控

①适时拉帘。冬季日照时间短、光照强度弱。为了充分利用太阳光，温室揭帘通常要力争早些。揭帘后温度在短时间内自然下降 2℃左右，之后开始回升。如果揭帘后温度直线上升，说明揭帘晚了，有浪费光照时间的现象；如果揭帘后温度下降的幅度大，说明揭帘早了。一般早上太阳光照到全棚后就应及时拉帘。若遇外界温度过低时，可适当推迟拉帘时间，以免棚面结冰。阴雪天只要温度不是很低，也要适时揭帘子，以利用散射光，增加光照。

②清洁棚面。光照是日光温室主要的热量来源。太阳的短波辐射透入温室后，被地面、墙体、温室构建、栽培作物和空气吸收，把太阳辐射能变为热能，再以长波辐射的形式向温室的空间放热，使温室内的空气、墙体、结构部件和种植作物等获得热量。

光照也是绿色植物进行光合作用所必需的能量来源。冬春季节，透入温室内的阳光越多，温度越高，光合活动越旺盛，对辣椒越有利。光照不足，温度低，湿度则大，容易发生辣椒褐叶病及灰霉病等高湿型病害。

温室棚膜在使用过程中，会因静电、薄膜渗出物和风的作用等吸附尘埃，从而对光线起到遮挡、吸收和反射的作用，也影响透光率。

为此，除选用透光性、消雾性、流淌性、清洁性、耐用性俱佳的优质棚膜外，每天早上拉起帘子进行空气置换后，最好用较柔软的清扫工具，仔细擦去膜面上的灰尘、碎草等杂物，保持棚膜较高的透光率，以利作物光合作用和温室升温、排湿。

③人工辅助增加光照。在冬季或阴雨天，可用日光灯照明，每天光照时间应根据辣椒品种及天气状况而定，有条件的用水银荧光灯效果更好。

（2）温度调控

每天早上到棚后，首先进棚看室内温度，若低于 12℃，就应注意蓄温、保温、增温措施的配套落实，以提高夜温、控制温室夜间结露的时间和程度。

①蓄温。蓄温是提高夜温的基础措施。应根据天气状况，下午适时覆盖风口蓄温。尤其是强降温前，一定要早收风口，尽量将棚内温度蓄高些。

②保温。保温是提高夜温的关键措施，其目的是减少日光温室内的热量支出，使蓄下的温度尽量得以保存或散失慢点。应配套落实棚前围立帘、适时覆盖帘子并覆盖单层或双层旧棚膜、覆盖保温被，减少通风换气量，棚门张挂厚门帘等保温措施，尽量减少棚内热量散失。

③增温。遇到强降温或降雪连阴天气时，日光温室内夜间的最低温度常会低于辣椒生长发育所要求的下限温度而发生"热亏"，导致辣椒发生低温冷害、

甚至冻害。

通过蓄温、保温措施，棚内夜间温度仍偏低、出现"热亏"时，就应落实架设碘钨灯、电热器、生火炉（必须注意排烟）、燃烧增温块等增温措施，尽力提高夜间温度。

④降温。当气温回升，温度过高时或夏天天热时可通过通风换气、遮阳网、安装循环冷水管、喷雾等方式进行降温。

8. 清洁田园

彻底清洁田园，不留任何植株残体及杂草，减少病虫初次浸染源，防止病残体上的病菌再次传播为害，减轻病虫害的发生和蔓延，犁地深耕翻地，晾地5～7天后再播种，使虫子因为缺少食物而转移或死亡。辣椒种植过程中要注意及时拔除病株、并带至田外集中无害化处理。

二、理化诱控

1. 灯光诱杀

连片种植的辣椒，可以在田地周边安装太阳能频振式杀虫灯或黑光灯进行诱杀，诱虫灯可诱杀鳞翅目、鞘翅目等多种农业害虫，每15～20亩安装1台诱虫灯效果为佳（彩图4-2）。

2. 防虫网阻隔

辣椒是自花授粉的蔬菜，科学使用防虫网种植辣椒能有效防止烟青虫、斜纹夜蛾、甜菜夜蛾等害虫侵入，分散雨水对辣椒和土壤的冲击，使溅到辣椒植株上的带菌泥水减少，起到防病的作用，还能阻止害虫把病毒传入网内以减少病害。推荐使用40～60目防虫网（彩图4-3）。

3. 色板诱杀

从苗期开始使用，至收获期保持不间断使用可有效控制害虫发生数量。初期监测时，每亩悬挂黄色和蓝色诱虫板各2～3张，进行害虫监测。其间根据监测到的害虫主要发生种类来调整诱虫板使用的种类。如蓟马发生为主，则重点悬挂蓝色诱虫板；如蚜虫、潜叶蝇、粉虱发生较多，重点悬挂黄色诱虫板；如多种昆虫同时发生危害，可结合黄、蓝板同时使用。虫口基数增大时，每亩悬挂30～40张诱虫板。悬挂方向为板面向东西方向为宜，顺行垂直挂在两行中间，苗期悬挂诱虫板以高出辣椒作物顶部15～20厘米为宜（彩图4-4）。

4. 昆虫信息素诱杀

昆虫诱捕器诱杀害虫的技术原理是通过人工合成雌蛾在性成熟后释放出一些称为性信息素的化学成分，吸引田间同类寻求交配的雄蛾，将其诱杀在诱捕器中，使雌虫失去交配的机会，不能有效地繁殖后代，以降低后代种群数量而达到防治该类害虫的目的。

诱捕器选择性高，每种昆虫需要独特的配方和浓度，具有高度的专一性，对其他昆虫没有引诱作用；无抗药性问题；对环境安全，无污染，与其他防治技术 100％兼容。根据田间虫害发生情况设置专用诱捕器及诱芯。一般每亩设置斜纹夜蛾专用诱捕器 1 个，每个诱捕器内放置斜纹夜蛾诱芯 1 粒；每 1～2 亩设置甜菜夜蛾专用诱捕器 1 个，每个诱捕器内放置诱芯 1 粒；每亩设置小菜蛾诱芯 3～5 粒，可用纸质粘胶或水盆作诱捕器。诱捕器使用策略：在害虫发生早期，虫口密度比较低时开始使用。处理面积应大于害虫的移动范围，以减少成熟雌虫再侵入而降低防治效果。生产上多与其他防治措施集成应用，发挥综合防治效果。

5. 地膜覆盖

使用地膜可防虫治草。一方面是盖地膜的地草长得少，减少虫子藏身和虫害发生；另一方面，不少害虫在地里产卵并孵化，而地膜阻断虫子下地产卵，减少了害虫繁殖。生产中常结合作物生长周期来选择地膜，辣椒选择的可降解地膜应在 6 个月以上（彩图 4-5）。

三、生物防治

1. 使用生物农药

生物农药是利用天然生物资源如植物、动物、微生物或其代谢产物，针对农业有害生物进行杀灭或抑制的制剂。生物农药又称天然农药，系指非化学合成，来自天然的化学物质或生命体，具有杀菌和杀虫作用的农药。目前我国生物农药类型包括微生物农药、农用抗生素、植物源农药、生物化学农药、天敌昆虫农药和植物生长调节剂类 6 大类型农药，已有多个生物农药产品获得广泛应用，其中包括井冈霉素、苏云金杆菌、赤霉素、阿维菌素、春雷霉素、白僵菌、绿僵菌等。

生物农药相对传统化学农药有以下优点：一是其毒性通常比传统农药低。二是选择性强，只对靶标病虫和与其紧密相关的少数有机体起作用。而对人类、鸟类、其他昆虫和哺乳动物无害。三是安全低毒、低残留。生物农药通常能迅速分解，避免了由传统化学农药带来的环境污染问题。四是不易产生抗药性。五是作为病虫综合防治的组成成分，能极大地降低传统化学农药的使用，而不影响作物产量。因此在辣椒采收期病虫害防控中应优先考虑生物农药的使用。

2. 释放天敌

在害虫尚未发生或发生初期，可通过棚内人工释放巴氏新小绥螨、捕食螨等天敌预防或防治蓟马和红蜘蛛（彩图 4-6）；释放蚜茧蜂、姬小蜂、赤眼蜂等寄生蜂预防或防治蚜虫、斑潜蝇等害虫；释放七星瓢虫、异色瓢虫预防或防治蚜虫、介壳虫和粉虱等害虫。如害虫虫口基数较大，应在释放天敌前 7～10 天施用低毒农药降低虫口基数，再进行天敌释放。天敌释放后，禁止施用化学农药或至少 2 周内不施用农药。根据田间实际情况至少连续释放 2～3 次天敌，天敌种群建立后，可起到对害虫可持续控制效果。另外田间瓢虫、蜘蛛、草蛉多的时候注意保护，充分利用这些天敌去防控害虫，减少施药。

3. 免疫诱导预防

免疫诱导是植物预防的重要手段，免疫诱导包括土壤免疫诱导和植物抗性诱导。土壤免疫是指在长期感染土传病害过程中，土壤对病原菌产生了识别和记忆，特异性地聚集了一系列具有抑病特征的土壤微生物组成生物屏障，在病原菌再次侵染植物时，土壤表现出的对病原菌的抑制作用，从而阻碍植物病害大暴发的能力。通过以下几种方式诱导土壤免疫力实现对植物病害的防控：一是强调土壤微生态调控。适当增施有益微生物，强化土壤免疫力。二是重视土壤酸化治理和土壤修复。根据土壤酸碱度情况采用牡蛎粉或草木灰等对土壤 pH 进行提升，减少施用化肥、多施有机肥，尽量减少土壤有毒物质和连作障碍因子的积累，为微生物和植物生长提供适宜环境。三是坚持植物材料如秸秆、稻草等有机物料还田、增施有机肥，保障土壤有益微生物的活力，巩固土壤免疫力。

植物抗性是指植物在长期的进化过程中获得的适应逆境或抵抗病原侵染的能力。植物抗性普遍存在，受植物自身和环境因子的双重调控。因此，结合病虫害预测预报，在病害易发区和高发区的病害发生前或发生初期，通过植物免疫诱抗剂处理刺激植物启动或增强系统抗性，以抵御和减轻病虫害的为害程度。植物免疫诱抗剂可大致分为两类，一类是植物免疫诱抗因子，包括蛋白类和寡糖类，如寡链蛋白和氨基寡糖素，生物代谢物或有机活性小分子等；另一类是植物免疫诱导菌。目前，木霉菌是已报道较多的免疫诱导菌，其免疫诱导机理和田间病害防控效果也被广泛研究和报道。通过对植物内生菌的研究，很多学者也分离了许多具有良好生防潜力的生防菌，对其在植物免疫诱导方面也进一步取得成果。

四、科学用药

1. 土壤处理

随着农业设施的发展，棚室内周年处于适宜作物生长的条件，同时也为病菌、线虫、杂草、地下害虫等的越冬提供了适宜的环境，因此在设施生产几年后往往出现土壤病虫害严重的问题。针对这一情况，种植基地、农户多采用土壤消毒的方法进行防治。生产中常用的以下几种土壤消毒方法：

①闷棚消毒法。闷棚消毒是农户最常用的土壤消毒方法，投入最少，简便易行，方法灵活，但需要将棚室在7、8月高温期间闲置一段时间。主要有干闷法和湿闷法2种。干闷法的具体方法：地表清理—双倍杀虫杀菌剂喷地—覆膜干闷15天左右—掀膜通风2～3天—种植辣椒。干闷法用于地表土壤消毒，不会对土壤深层有益菌产生较大影响，适用于种植年限不长、病虫草害不太严重的棚室。湿闷法的具体方法：施农家肥和复合肥—翻耕土壤、作畦—盖膜—膜下灌水—闭棚15天以上（地表温度达60～70℃，10厘米地温50℃以上）—揭膜通风2～3天—种植辣椒。湿闷法操作麻烦，但可以杀死土壤深层的病菌、虫卵等，适用于种植年限较长、病虫草害严重的棚室。湿闷法会杀死土壤中的有益菌，在闷棚结束后尽早施用生物菌肥，抑制有害菌的生长。

②石灰氮消毒法。近年来由于土壤养分消耗过度、肥料施用不合理、有机质补充不及时等原因，土壤板结、酸化的问题日益严重。石灰氮遇水分解产生氰胺和双氰胺等氢氮化物，同时产生高温，达到抑制或杀灭病菌、害虫、线虫和草种的作用，同时可起到调节土壤酸碱，补充氮、钙肥的作用。

消毒方法：施用有机肥后，每亩均匀撒施石灰氮30～50千克，翻耕土壤后作畦、盖膜及膜下灌水，闭棚15天以上，使得地表温度达60℃以上，10厘米以内耕作层地温达50℃以上，揭膜通风5天以上，施用微生物菌剂后定植辣椒。石灰氮不宜在碱性土壤上施用。由于石灰氮分解产生的氰胺对人体有害，使用时应特别注意安全防护和通风。

③药剂消毒法。药剂消毒就是在整地、播种时将药剂通过喷淋、浇灌、毒土等方法施入土壤中，防止种子带病以及土传病虫害的蔓延。优点是使用方便、用时短、不受时间限制，缺点是会杀死一部分有益菌，长期使用会造成土壤有益菌不足，不利于有机质转化。

喷淋或浇灌法是将药剂用清水稀释成一定浓度，用喷雾器喷淋于土壤，或直接浇灌到土壤中，杀死土中的病菌。喷淋法适用于育苗营养土处理。浇灌法施药适用于辣椒的灌溉和苗床消毒。常用消毒剂有多菌灵、甲基硫菌灵、福尔马林、波尔多液、代森铵等，防治苗期病害，效果显著。

毒土法是先将药剂（乳油、可湿性粉剂）与具有一定湿度的细土按比例混匀配成毒土，在辣椒育苗或定植前进行沟施、穴施或撒施。常用消毒剂有多菌灵等药剂。

④生物菌肥法。生物菌肥法是通过在土壤添加有益菌来抑制、杀死有害菌，是目前最好的土壤消毒方法。生物菌肥种类不同有不同的效果，例如枯草芽孢杆菌可以增加作物抗逆性、固氮能力；地衣芽孢杆菌可以抗病、杀灭有害菌；苏云金杆菌可以杀虫（包括根结线虫），对鳞翅目等节肢动物有特异性的毒杀活性，因此选择菌肥一定要看清楚成分，做到对症下药。生物菌肥中的肥只是菌的载体，是为了便于菌种增殖，在施用时要按照要求大量施用生物菌肥，在减量施用生物菌肥时要添加有机质或施用到含有机质多的土壤中。如育苗时菌肥直接与育苗基质混合再小水浇洒即可，在定植穴或沟内施用时先将菌肥与腐熟的麦麸、豆粕等有机质及晒干的泥土制成药土，施入穴沟后及时覆土。施用菌肥注意事项，一是避免开袋后长期不用；二是避免在高温干旱条件下使用；三是避免与未腐熟的农家肥混用；四是避免与杀菌药同时使用；五是避免在阳光直射下使用；六是菌肥用量要足；七是避免与化肥接触。

2. 灌根处理

使用25％噻虫嗪1 000倍液在辣椒苗期移栽前对辣椒进行灌根；也可在定植辣椒时，使用25％噻虫嗪1 000倍液结合浇定植水进行灌根，然后覆土，也可有效防止地下和地上害虫的危害，持效期可达60天以上。可用于防治蚜虫、白粉虱、烟粉虱、蓟马、小绿叶蝉等刺吸式口器害虫和地老虎等地下害虫。

3. 生长期用药原则

①施用低毒农药。随着化工业的发展，农药的种类也越来越多，防治一种病虫害有多种农药，但必须要选择低毒、低残留农药的品种，生物农药就是比较好的选择。

②掌握用药浓度和用量。根据农药标签使用合理的农药剂量，一是避免浓度过高产生抗药性，从而降低农药使用寿命；二是使用农药防治辣椒病、虫、草害并不是用量越多越好，用药量过多不但造成了药剂浪费增加经济支出，而且还易使辣椒发生药害减产降质甚至绝收，还影响消费者的身体健康；三是用量过少达不到防治效果，也会造成减产。特别在使用化学农药防治病、虫、草害时，要严格遵守安全使用浓度和剂量要求。使用农药时，一般亩用水量为40～70千克，视辣椒大小来定。

③轮换使用不同作用机理的农药。辣椒生长周期长，各种病虫害繁殖快，在防治病虫害时不能长期使用一种农药，选择不同作用机理的农药进行轮换使

用，防治产生抗药性，也增加农药的使用效果。

④掌握喷施农药的时间。喷施农药时间很关键，首先在病虫害刚发生的时候要及时喷药，防止错过最佳喷药时间。其次是注意辣椒的不同生育时期，不同生育时期用药的浓度和数量是不同的。任何一种化学农药都有一定的持效期，超过持效期农药就会失去防治效果。因此，使用农药防治辣椒病虫害应注意连续用药彻底杀灭病虫害。一般情况下应间隔 4～7 天喷施 1 次，连续喷施 2～3 次。

⑤适时用药。治虫，应该掌握在卵孵化期或幼虫 3 龄前用药；灭菌，应该掌握在病害发生初期或点片发生阶段用药。此时用药，病虫的抗药性低且防治效果好。

⑥做好病害预防。一是辣椒定植缓苗后及时喷药防护。辣椒定植后 7～10 天，及时喷施 1 次铜制剂预防真菌、细菌等各类病害发生。这次喷药水量一定要足，要呈喷淋状态，对秧苗来一个全方位的保护。二是预防阴雨天的病害。及时收听收看天气预报，在连阴雨天气来临前进行杀菌处理，可以结合叶面补肥一起进行。连续阴雨天气，植株有机营养供应不足，会出现缺素症状，另外秧苗也会出现旺长，导致植株的抗病性下降。此时，既要补充营养，还要进行杀菌，预防病害的发生。营养以有机营养为主，比如糖液、沼液、腐殖酸、甲壳素等，千万不要施用化肥。药剂可以选用有机铜、吡唑醚菌酯等。

4. 采收期用药原则

严格遵守农药安全间隔期后方能采摘，防止辣椒上的残留农药危害消费者的身体健康。

5. 农药的混配原则

在施药之前，要了解各种农药的杀虫特点和防病对象，选用农药进行科学合理的混配使用，才能达到良好的防治效果和病虫害防治的目的。同时，要对使用的农药进行二次稀释后再混配到一起使用，这样防治效果好，且不易产生药害。

（1）农药混用次序

①混配顺序要准确。叶面肥与农药等混配的顺序通常为：微肥、水溶肥、可湿性粉剂、水分散粒剂、悬浮剂、微乳剂、水乳剂、水剂、乳油依次加入，原则上农药混配不要超过三种，每加入一种即充分搅拌混匀，然后再加入下一种。

②先加水后加药。进行农药二次稀释混配时，建议先在喷雾器中加入大半桶水，加入第一种农药后混匀。然后，将剩下的农药用一个有刻度的塑料瓶先进行稀释，依次将农药加入塑料瓶中稀释好后倒入喷雾器中混匀。

③现配现用、不宜久放。虽然农药在刚配时没有反应，但不代表可以随意

久置，否则容易产生缓慢反应，使药效逐步降低，因此农药要现配现用，不能久留。

（2）农药混用原则

①不同毒杀机制的农药混用。作用机制不同的农药混用，可以提高防治效果，延缓病虫产生抗药性。杀虫剂有触杀、胃毒、熏蒸、内吸等作用方式，杀菌剂有保护、治疗、内吸等作用方式，将这些具有不同防治作用的药剂混用，可以互相补充，能产生更好的防治效果。

②作用于不同虫态的杀虫剂混用。将作用于不同虫态的杀虫剂混用可以杀灭田间的各种虫态的害虫，杀虫彻底，从而提高防治效果。

③具有不同时效的农药混用。农药有的种类速效性防治效果好，但持效期短；有的速效性防效虽差，但作用时间长。这样的农药混用，不但施药后防效好，而且还可起到长期防治的作用。

④与增效剂混用。增效剂对病虫虽无直接毒杀作用，但与农药混用却能提高防治效果。

⑤防治不同病虫害农药混用。几种病虫害同时发生时，采用该种方法，可以减少喷药的次数，减少工作时间，从而提高功效。

（3）农药混用的注意事项

农药混用虽有很多好处，但切忌随意乱混。不合理地混用不仅无益，而且会产生相反的效果。

①不改变物理性状。即混合后不能出现浮油、絮结、沉淀或变色，也不能出现发热、产生气泡等现象。如果同为粉剂，或同为颗粒剂、熏蒸剂、烟雾剂，一般都可混用；不同剂型之间，如可湿性粉剂、乳油、浓乳剂、胶悬剂、水溶剂等，以水为介质的液剂则不宜任意混用。

②不发生化学变化。使用农药要了解要施用农药的酸碱度，因为酸性农药与碱性农药是不能混配的，如果混配以后，酸碱中和，既容易产生药害，又降低两种农药的药效。许多药剂不能与碱性或酸性农药混用，在波尔多液、石硫合剂等碱性条件下，氨基甲酸酯、拟除虫菊酯类杀虫剂，福美双、代森环等二硫代氨基甲酸类杀菌剂易发生水解或复杂的化学变化，从而破坏原有结构，因此不能混用；在酸性条件下，2，4-滴钠盐、二甲四氯钠盐、双甲脒等也会分解，因而降低药效，故不能混用；除了酸碱性外，很多农药品种不能与含金属离子的药物混用。如：二硫代氨基甲酸盐类杀菌剂、2，4-滴类除草剂与铜制剂混用可生成铜盐降低药效，甲基硫菌灵、硫菌灵可与铜离子络合而失去活性；石硫合剂与波尔多液混用可产生有害的硫化铜，也会增加可溶性铜离子含量。除去铜制剂，含其他重金属离子的制剂如铁、锌、锰、镍等制剂，混用时

要特别慎重。敌稗、丁草胺等不能与有机磷、氨基甲酸酯类杀虫剂混用，易发生化学反应产生药害。

在混配农药时，如果出现下述症状，切忌不要混配，更不能喷施到辣椒上，以免出现烧叶，伤果等不良症状。一是在混配农药时，出现冒泡现象，不宜混配。二是在混配农药时，出现沉淀现象，不宜混配。三是在混配农药时，出现有刺激性气味，不宜混配。四是在混配农药时，出现农药原有颜色发生改变，不宜混配。

（4）具有交互抗性的农药不宜混用

交互抗性指同种昆虫由于相同抗性机理，对于选择使用药剂以外的不同但属于同一类的药剂也会产生抗药性的现象。如多菌灵和甲基硫菌灵具有交互抗性，两者混合用不但不能起到防治病害的作用，反而会加速抗药性的产生，所以不能混用。

（5）微生物农药不能与杀菌剂混用

微生物农药是活体农药，许多农药杀菌剂对微生物活体具有杀伤力。因此，微生物农药不可以与杀菌剂混用。

五、主要病虫害防治与推荐措施

1. 主要虫害

（1）茶黄螨

茶黄螨（*Polyphagotarsonemus latus*）又名侧多食跗线螨、白蜘蛛。属蜱螨目（Acarina），跗线螨科（Tarsonemidae）。

①形态特征。卵：椭圆形，灰白色，半透明，长约0.1毫米。幼螨和若螨：幼螨椭圆形，淡绿色或乳白色，体长约0.31毫米，腹部明显分成3节，末端圆锥形；若螨椭圆形，半透明，体长约0.15毫米，两端呈锥形。成虫：雌成螨淡黄色或黄绿色，半透明，宽卵圆形，体长约0.21毫米，足较短，第4对足纤细；雄成螨体长约0.19毫米，体躯近六角形，淡黄至黄绿色，腹末有锥台形尾吸盘，足较长且粗壮。

②发生与危害。茶黄螨个体很小，爬行慢，自身迁移能力低，在田间主要随幼苗、人畜、工具和气流携带传播。趋内性强，成螨、若螨多在辣椒植株幼嫩部分栖息、刺吸取食。成螨在冬作物、杂草根际、土缝中或温室大棚内越冬。成螨活跃，雄成螨有携带雌成螨向植株幼嫩部位迁移的习性。雌若螨在雄螨身上蜕皮并进行交配。茶黄螨以两性生殖为主，也可进行孤雌生殖。初孵幼螨常停留在卵壳附近取食，在变成成螨之前，停止取食，静止不动，进入若螨

阶段，若螨蜕皮后变为成螨。

茶黄螨受害叶片背面呈灰褐色或黄褐色，具油质光泽或油浸状，叶片边缘向下卷曲。嫩茎、枝、果变黄褐色，扭曲畸形，严重者植株顶部干枯（彩图4-7）。受害花和蕾，危害严重时造成落叶、落花、落果及茎秃尖，严重降低产量和品质。由于茶黄螨虫体较小，肉眼难以识别，被害症状常被误为是生理病害或病毒病。

③防治措施。

农业防治：一是轮作。与非茄科蔬菜作物实行2～3年轮作倒茬。二是开沟排水。排除田间渍水，降低田间湿度。三是消灭越冬螨源。大田辣椒等蔬菜收获后，要清除田边杂草，残株落叶。有塑料大棚、温室的，冬季要清除其内外（边）的杂草，减少越冬螨虫源，冬季茶黄螨种群数量较低，应及时根治，以防向外扩散。

生物防治：保护和利用自然天敌，尽量不用广谱性杀虫剂，保护田间捕食螨如黄瓜钝绥螨、捕食性蓟马等天敌，利用天敌自然控制害虫。

药剂防治：茶黄螨生活周期短，繁殖力极强，应特别注意早期防治，茶黄螨初发时为点片发生，当在椒田内发现有点片发生时，若危害较轻可及时喷药控制；若危害重应先拔除受害严重的中心株，然后再喷药防治。由于茶黄螨有很强的趋嫩性，喷药时要将这些幼嫩部位作为重点进行防治。第1次用药时间：当有虫株率10%或卷叶株率达2%时，或在初花期喷施。以后每隔7～10天喷1次，连续防治2～3次，可控制危害。可选用下列药剂及其浓度：0.3%印楝素125～186毫升/亩、43%的联苯肼酯悬浮剂20～30毫升/亩、20%阿维·螺螨酯悬浮剂5 000～6 000倍液、15%哒螨灵乳油2 000倍液，1.8%阿维菌素乳油2 000～2 500倍液等药剂均有很好的防效。

（2）朱砂叶螨

朱砂叶螨（*Tetranychus cinnabarinus*），别名红蜘蛛，属真螨目（Acariformes），叶螨科（Tetranychidae）。

①形态特征。卵：近球形，直径0.13毫米，初期无色透明，逐渐变淡黄色或橙黄色，孵化前呈微红色。幼螨和若螨：卵孵化后为1龄，仅具3对足，称幼螨。幼螨蜕皮后变为2龄，又称前期若螨，前期若螨再蜕皮，为3龄，又称后期若螨，若螨均有4对足。幼螨黄色，圆形，长0.15毫米，透明，具3对足。若螨体长0.2毫米，似成螨，具4对足。成螨：雌成螨长为0.42～0.5毫米，宽约0.3毫米，椭圆形。体背两侧具有一块三裂长条形深褐色大斑；雄成螨体长0.4毫米，菱形，一般为红色或锈红色，也有浓绿黄色的，足4对。

②发生与危害。朱砂叶螨一年可发生12～20代甚至更多。秋末冬初，朱砂叶螨逐渐进入越冬态，在北方雌成螨潜伏于菜叶、杂草和土壤中越冬，南方

则以成虫、卵、幼螨、若螨多种螨态在冬作物或杂草寄主上越冬，吐丝结网群集越冬，最多可达上千头聚在一起。雌螨为两性繁殖，雌、雄螨一生可多次交配，每次能产50～110粒，多产于叶背。发育适宜温度为29～31℃，相对湿度为35%～55%。其扩散和迁移主要靠爬行、吐丝下垂或借风力传播，也可随水流扩散。干旱少雨时发生严重。暴雨对朱砂叶螨的发生有明显的抑制作用。对辣椒的危害表现为成螨和若螨在辣椒生长点和叶背刺取汁液，造成秃顶和叶片出现针头大小的褪绿性黄化，严重时整个叶片成沙点样，发黄、皱缩，直至干枯脱落。

③防治措施。

农业防治。在上茬作物拉秧后，清除枯枝败叶、杂草集中烧毁或深埋，减少虫源；有条件的地方可进行深翻、冬灌，深翻要达30厘米以上，冬灌保持田间水深16毫米，可杀死一半以上虫口数量。定植后，干旱时应注意灌水，增加田间湿度，不利于其繁殖和发育。结合田间管理，发现叶螨时，顺手抹掉；若螨量多时，将叶片摘下处理。若整株上叶螨多时，可将其拔除，带到田外处理。收获后，及时清除田间残枝、落叶和杂草，集中烧毁。

生物防治。推荐使用胡瓜钝绥螨、小花蝽等捕食性天敌昆虫对朱砂叶螨进行生物防治，在朱砂叶螨田间密度低时开始使用。采用这种方法灭螨，在设施大棚辣椒生产上应用越来越广泛。

药剂防治。当田间点片发生时或被害株率达20%，应及时用药剂防治。选用73%的炔螨特乳油3 000倍液、240克/升虫螨腈悬浮剂20～30毫升/亩、20%阿维·螺螨酯悬浮剂5 000～6 000倍液、15%哒螨灵乳油2 000倍液、1.8%阿维菌素乳油2 000～2 500倍液等药剂进行防治，每隔7～10天喷1次，连续2～3次。药剂应轮换使用，以免产生抗药性。喷药要均匀，重点喷叶片背面；另外，对田边的杂草等寄主植物也要喷药，防止其扩散。

（3）白粉虱

温室白粉虱（*Trialeurodes vaporariorum*）俗称小白蛾，属半翅目（Hemiptera）同翅亚目（Homoptera）、粉虱科（Aleyrodidae）。

①形态特征。卵：椭圆形，有细小卵柄，初产时为淡黄色，孵化前变黑。每卵块一般有卵15～20粒，卵长0.20～0.25毫米，多产于叶背面。若虫：长卵圆形，扁平，淡黄色或淡绿色，外表有长短不一的蜡丝，2根尾须较长。伪蛹：椭圆形，扁平，中央略高，黄褐色，体背有5～8对长短不一的蜡丝，体侧有刺，长0.7～0.8毫米。成虫：成虫体长0.8～1.2毫米，体淡黄色，翅表面覆有白色蜡粉，复眼赤红色，上部复眼和下部复眼完全分离，雌成虫个体明显大于雄成虫，雄虫腹部细窄，腹部末端外生殖器为黑色。雄成虫停息时两翅

平坦合拢，雄成虫内缘向上翘，翅叠于腹背成屋脊状。

②发生与危害。温室白粉虱的生活周期分为卵、若虫期和成虫期，30天左右即可发生1世代，成虫羽化后2～3天便可交配产卵，卵为长椭圆形，顶部尖，端部卵柄插入叶片获取水分，1龄若虫可短距离爬行寻找适宜叶片，并将口针插入叶片韧皮部，直至成虫羽化后再行交配产卵。温室白粉虱以各种虫态在温室内越冬，一般一年可发生10余代，无滞育、休眠现象，各虫态对0℃以下的低温耐受力弱，其繁育最适温度为18～21℃，7～8月为虫口数量高峰期。白粉虱主要靠秧苗定植及通风时成虫飞翔进行扩散，棚室与露地交替为害。

白粉虱常成群在叶片的背面吸食汁液、产生蜜露，对叶片产生危害（彩图4-8），导致叶片的颜色褪绿转为黄色，严重的可导致辣椒植株的萎蔫死亡。

③防治措施。

农业防治。一是培育"无虫苗"。育苗温室力求无虫，或熏蒸灭虫后再育苗，保证定植苗不带虫源。二是定植前，应彻底清除前茬作物的残株和杂草，生长期内打下的枝杈、枯黄老叶要带出室外及时销毁，以减少虫源和防止再度侵害。三是避免与瓜类、豆类及番茄混栽，防止相互传播，同时摘除带虫老叶，焚烧处理。

生物防治。当大棚内白粉虱的密度达到0.5～1.0头/株时，释放小黑瓢虫、盲蝽等捕食性天敌或丽蚜小蜂、浅黄恩蚜小蜂等寄生性天敌进行防治，每10天左右释放1次，共3～4次，能有效控制白粉虱发生；利用白僵菌、绿僵菌、蜡蚧轮枝菌等微生物及其代谢产物开发生物制剂防治害虫。

物理防治。黄板诱杀。根据温室白粉虱成虫具有强烈趋黄性的特性，可通过悬挂黄色诱虫板诱杀，每亩30～40张诱杀成虫效果显著。

药剂防治。在田间发生初期及时选用下列杀虫剂进行防治。选用75克/升阿维菌素·双丙环虫酯可分散液剂45～53毫升/亩、50克/升双丙环虫酯可分散液剂55～65毫升/亩、22%噻虫·高氯氟微囊—悬浮剂5～10毫升/亩、22%联苯·噻虫嗪悬浮剂20～40毫升/亩、22.4%螺虫乙酯悬浮剂20～30毫升/亩、10%吡虫啉可湿性粉剂1 500倍液等药剂兑水均匀喷雾，因白粉虱世代重叠，需要连续防治2～3次，每隔7天左右防治1次。虫情严重时可使用2.5%联苯菊酯乳油3 000倍液与25%噻虫嗪可湿性粉剂2 000倍液混合喷雾防治。

（4）小地老虎

小地老虎（*Agrotis ypsilon* Rottemberg）又名土蚕、切根虫、黑地蚕等，属鳞翅目（Lepidoptera）、夜蛾科（Noctuidae）。

①形态特征。卵：卵初产时乳白色，后期发为灰紫色、直径为0.5毫米的半球形，卵后面有纵横的隆起线。幼虫：幼虫黄褐色到灰褐色，体长37～47

毫米，体表布满大小不等的颗粒，臀板黄褐色，上有 2 条为深褐色的纵带；蛹赤褐色有光泽，体长 18~24 毫米。成虫：成虫深褐色，体长 16~23 毫米，翅展 42~54 毫米，雌蛾触角呈丝状，雄蛾呈双齿状，前翅黑褐色，翅面有肾形斑、环形斑和棒形斑各一个，各斑均有黑边，肾形斑外侧有 3 个楔形黑斑，黑斑尖端相对，翅上有两个明显的剑状纹，后翅灰白色。

②发生与危害。小地老虎成虫白天栖息在杂草或土块缝隙处，夜间取食、交配、产卵，在日落后 3 小时与黎明前的 5 小时各有一次成虫活动高峰期，清晨 5：00 后又潜伏不动。成虫趋化性强，喜食糖蜜等带有酸甜味的汁液，可采用糖、酒、醋液诱杀；对黑光灯也有很强的趋性。幼虫分为 6 龄，3 龄前在辣椒叶背和心叶昼夜取食，3 龄后白天潜伏在辣椒植株周围 3 厘米深的表土中，夜间出来活动和危害，咬断幼苗茎基部，并将咬断的部分秧苗拖入土中取食，未咬断的秧苗很容易随风折断，造成缺苗断垄。幼虫还可全身钻入辣椒果实内为害。3 龄以上幼虫有假死性和互相残杀的习性，受惊后可收缩成环形。

③防治措施。

农业防治。合理布局，可与玉米等作物进行间作套种；科学施肥，增强辣椒的生长势，提高自身的抗虫能力；结合整地、中耕锄草，及时清洁田园，消灭土壤中的卵和幼虫。

理化诱控。一是在辣椒定植之前，选择小地老虎喜食的杂草如鹅儿草、青蒿、地老虎灰菜、苜蓿、白茅、小旋花等进行诱杀幼虫，或土中拌入药剂、人工捕捉。二是按 90% 敌百虫：白酒：醋：糖=1：1：3：6 的比例调成糖醋液，放置小地老虎成虫较为密集处进行诱杀。三是使用黑光灯的方式进行诱杀成虫。在每天清晨到田间检查，一旦发现有萎蔫苗、枯心苗、断苗，拨开其附近的土块，翻出小地老虎的高龄幼虫进行杀死处理。

生物防治。利用天敌昆虫进行以虫治虫。小地老虎天敌昆虫分捕食性天敌昆虫和寄生性天敌昆虫两大类。捕食性天敌昆虫主要有中华虎甲、广腹螳螂、细颈步甲等。寄生性天敌昆虫的利用主要有小地老虎大凹姬蜂、螟蛉绒茧蜂、广赤眼蜂、拟澳洲赤眼蜂等。

药剂防治。使用种子量 0.3% 的 40% 辛硫磷乳油拌种，或在地老虎 2~3 龄时，使用 40% 辛硫磷乳油配成 100 倍液，与切碎的嫩苜蓿 100 千克配制成毒饵，傍晚撒在辣椒苗行间进行诱杀，或使用 40% 辛硫磷乳油 500 倍液灌根进行防治，或选用 5.7% 甲氨基阿维菌素苯甲酸盐水分散粒剂 10 000 倍液、3.2% 高氯·甲维盐微乳剂 1 000 倍液、20% 阿维·杀虫单微乳剂 1 000 倍液喷雾防治。

(5) 烟青虫

烟青虫（*Helicoverpa assulta*），又名烟草夜蛾，属鳞翅目（Lepidoptera）、

夜蛾科（Noctuidae）。

①形态特征。卵：扁半球形，高约 0.4 毫米，宽约 0.45 毫米，卵孔明显，卵壳上有网状花纹。幼虫：幼虫有 5 龄，老熟幼虫体长 40～50 毫米，体表密布不规则的小斑块及圆锥状短而钝的小刺，两根前胸侧毛的连线远离前胸气门下端，有淡绿色、黄白色、淡红色、黑紫色、红褐色等，头部有深黄色不规则网纹。蛹：蛹赤褐色，长 17～20 毫米，体前段显得粗短，气门小而低，很少突出。成虫：雄性烟青虫成虫为淡黄褐色，略带绿色；雌性个体为黄褐色，略带有金色，雌性成虫颜色比雄性重。体长 15～18 毫米，翅长 24～33 毫米，体色较黄，前翅正面肾状纹、环状纹及各横线清晰，中横线向后斜伸，但不达环状纹正下方，后翅黑褐色宽带内侧有一条平行线。腹部黄褐色，腹面一般无黑色鳞片。

②发生与危害。烟青虫成虫白天多在辣椒或杂草丛中栖息，晚上和阴天活动，前半夜活动最盛，有趋光性，对杨树、柳树的枯枝败叶和糖醋液有正趋性。成虫羽化后 1～3 天开始交配产卵，4～5 天为产卵高峰期，产卵多在 20：00 至翌日 10：00 进行，产卵集中在上半夜。卵散产于辣椒嫩叶正面、花蕾、果柄和枝条上。初孵幼虫先取食卵壳，后蛀食花蕾、嫩叶、嫩梢，3 龄后开始蛀果，直至化蛹前均在果内取食（彩图 4-9）。幼虫有假死性及自相残杀的习性，老熟后从蛀孔爬出，到 3～7 厘米深的土层中化蛹。受害辣椒果皮内通常带有绿色的虫粪和蜕皮，造成果实无法食用；还可危害辣椒嫩茎、嫩芽和叶片等，造成叶片缺刻或嫩茎穿孔。蛀果为害引起腐烂而大量落果，是造成减产的主要原因，严重时蛀果率达 30% 以上。

③防治措施。

农业防治。对已被蛀食的辣椒果实，要在第一时间予以摘除；在清晨，烟青虫在辣椒顶部取食嫩叶时容易暴露被发现，可进行人工捕捉；对烟青虫危害较为严重的地块，可在辣椒周围栽种诱集带，将成虫诱集一起产卵，一并消灭。辣椒收获后，彻底清除辣椒植株和杂草，减少烟青虫藏身之处，从而减少虫源；或者通过耕翻农田将烟青虫的越冬蛹暴露在土壤外或上表层，破坏蛹的越冬环境，从而使越冬蛹冻死，降低下一年的虫口基数。

生物防治。烟青虫的寄生性天敌有赤眼蜂、唇齿姬蜂、绒茧蜂等；捕食性天敌有草蛉、红彩真猎蝽、蜘蛛、华姬猎蝽等。可通过保护和释放利用天敌，达到以虫治虫目的。

药剂防治。重点在卵孵化盛期到幼虫 2 龄前进行防治。选用 600 亿 PIB/克棉铃虫核型多角体病毒水分散粒剂 2～4 克/亩、5% 甲氨基阿维菌素苯甲酸盐微乳剂 2～4 克/亩、3% 甲氨基阿维菌素苯甲酸盐微乳剂 3～7 毫升/亩、2% 甲氨基阿维菌素苯甲酸盐微乳剂 5～10 毫升/亩、3 200 IU/毫克苏云金杆菌可湿性粉剂 50～75 克/亩、4.5％高效氯氰菊酯乳油 35～50 毫升/亩、25％联苯菊酯乳油 2 800 倍液、10％虫螨腈悬浮剂 2 000 倍液、5％虱螨脲乳油 1 000 倍液等药剂进行喷雾防治。

（6）蓟马

危害辣椒的蓟马有多种，主要有花蓟马（*Frankliniella intonsa*）、茶黄蓟马（*Scirtothrips dorsalis*）、西花蓟马（*Frankliniella occidentalis*）、黄胸蓟马（*Thrips hawaiiensis*）、棕榈蓟马（*Thrips palmi*）等，均属缨翅目 Thysanoptera，蓟马科（Thripidae）。

①形态特征。体微小，体长 0.5～2 毫米，很少超过 7 毫米；黑色、褐色或黄色；头略呈后口式，口器锉吸式，能锉破植物表皮，吸吮汁液；触角 6～9 节，线状，略呈念珠状，一些节上有感觉器；翅狭长，边缘有长而整齐的缘毛，脉纹最多有两条纵脉；足的末端有泡状的中垫，爪退化；雌性腹部末端圆锥形，腹面有锯状产卵器，或圆柱形，无产卵器。

②发生与危害。在我国，蓟马一年可发生 8～26 代。在南方，蓟马因气候温暖繁衍迅速，四季均可为害；在北方，蓟马繁衍稍慢，以夏秋季为害严重。蓟马喜欢温暖、干旱的天气，其适温为 23～28℃，适宜空气湿度为 40％～70％。如遇连续阴雨天，能导致若虫死亡；大雨后或浇水后致使土壤板结，使若虫不能入土化蛹或蛹不能孵化成虫。成虫在土中羽化，出土后向上爬行至辣椒幼嫩部位危害。蓟马个体小适应性强，不及时防治种群迅速增长，很难清除。蓟马是辣椒的主要虫害，辣椒生长点幼嫩部位、新梢嫩叶、花蕾、果实都是蓟马重点侵害对象，以成虫和若虫锉吸辣椒叶片、花器和幼果上的汁液进行危害（彩图 4-10）。苗期危害常造成叶脉周围产生白点，严重危害后叶片皱缩、白点穿孔，造成叶片早衰、功能减退；花期危害能引起花蕾脱落；坐果期危害能造成幼椒老化、僵硬、果柄黄化。蓟马还可传带病毒菌，造成植株生长停滞、矮小枯萎，严重时造成落果，不仅影响辣椒产量，还影响辣椒品质。须注意的是，蓟马危害导致叶片出现皱缩，叶片背面出现凹陷黄白斑，容易误认为是病害。因此，在种植辣椒的过程中要仔细观察，准确区分是虫害还是病害。

③防治措施。

农业防治。早春清除田间杂草和枯枝残叶，集中烧毁或深埋，消灭越冬成虫和若虫。加强肥水管理，促使植株生长健壮，减轻危害。使用地膜，防止蓟马落土化蛹、阻止土中的蛹羽化和防治杂草。

物理防治。利用蓟马趋蓝色与黄色的习性，在田间悬挂蓝色与黄色诱虫板诱杀成虫，诱虫板高度与辣椒持平或略高于辣椒为宜，每亩悬挂蓝色与黄色诱虫板各 20～30 张。

生物防治。蓟马天敌有捕食性蝽类如东亚小花蝽、南亚小花蝽、淡翅小花蝽等，捕食螨如巴氏新小绥螨等。可在辣椒开花前或发生初期蓟马密度较低时通过人工释放天敌进行生物防治，释放天敌后2周内应禁止打药，并做好病虫害监测，发现病虫害及时使用对天敌杀伤力小的药剂进行防治。

药剂防治。移栽前，使用25%噻虫嗪1 000倍液等强内吸性杀虫剂兑水喷淋幼苗，使药液喷淋整棵幼苗植株并渗透到土壤中，持效期可达20～30天，防治效果明显。定植后，虫害发生初期，选用240克/升虫螨腈悬浮剂20～30毫升/亩、88%的硅藻土可湿性粉剂1 000～1 500克/亩、21%噻虫嗪悬浮剂10～18毫升/亩、150亿孢子/克球孢白僵菌可湿性粉剂160～200克/亩、1%甲氨基阿维菌素苯甲酸盐微乳剂18～24毫升/亩、2%甲氨基阿维菌素苯甲酸盐微乳剂9～12毫升/亩、10%溴氰虫酰胺乳剂40～50毫升/亩、5%甲氨基阿维菌素苯甲酸盐3.5～4.5毫升/亩、25%噻虫嗪水分散粒剂15～20克/亩、0.6%乙基多杀菌素悬浮剂1 500～2 000倍液、10%吡虫啉可湿性粉剂2 000倍液、1.8%阿维菌素4 000倍液等进行防治。应在早上9：00前或17：00后施药，每隔7～10天防治1次，连续防治2～3次。注意轮换使用不同作用机理的农药，避免蓟马出现抗药性。

（7）蚜虫

危害辣椒的蚜虫有多种，主要包括桃蚜（*Myzus persicae*）、棉蚜（*Aphisgossypii*）、萝卜蚜（*Lipaphis erysimi*），均属于半翅目（Hemiptera）蚜总科（Aphidoidea）。

①形态特征。辣椒蚜虫个体小，体长2.1～2.3毫米，柔软，触角长，分有翅蚜和无翅蚜。蚜虫颜色变异较大，有绿色、浅黄色、深绿色、紫褐色、橘红色，有的薄斑白粉，头和胸为黑色等。蚜虫种类很多，有两性生殖和孤雌生殖，在种类上很难区分。

②发生与危害。蚜虫每年发生世代数较多，世代重叠现象严重。蚜虫1年可繁殖10代以上，以卵在越冬寄主上或以若蚜在温室蔬菜上越冬，周年为害。繁殖适宜温度是16～20℃，有两性生殖和孤雌生殖两种生殖方式，其中孤雌生殖的主要是无翅蚜虫。温暖干燥的气候有利于蚜虫繁殖，温度高于25℃时高湿条件下不利于蚜虫为害。以成虫和若虫群聚在叶片背面，或在生长点或花器上吸食辣椒汁液，分泌蜜露，造成辣椒植株生长缓慢、矮小簇状，被害叶片变黄、卷缩，嫩茎、花梗被害呈弯曲畸形，影响开花结果，严重时辣椒植株生长受到抑制甚至枯萎死亡。另外，蚜虫还可传播多种病毒病，加重病毒病发生，预防病毒病应该从防治蚜虫入手。蚜虫对黄色、橙色有很强的正趋性，而对银灰色有负趋性。

③防治措施。

农业防治。做好蚜虫越冬场所灭蚜工作，降低蚜虫越冬基数；彻底清除田埂附近及田内杂草，减少蚜虫的寄主植物；科学施肥，氮肥适量施用，多施磷肥、钾肥；加强田间管理，苗期适当控制浇水，改善田间温湿环境，推迟蚜虫高峰期；与其他作物间作、套作种植，为蚜虫天敌提供栖息场所。

理化诱控。设施农业大棚防治蚜虫提倡采用24～30目、丝径0.18毫米的银灰色防虫网防治蚜虫或在棚室四周悬挂银灰色塑料条带避蚜。田间使用银灰色地膜覆盖，避蚜效果明显。辣椒大田可使用黄板诱杀，悬挂在行间或株间，高出植株顶部15～20厘米，悬挂密度30～40张/亩，当黄板粘满虫时更换黄板（或重涂机油），降低虫口基数减轻为害。用辣椒水防治，选用辣味较浓的辣椒切成丝或捣成面，按照每1 000克水加辣椒丝或面50克的比例放入锅内煮沸10分钟左右，待辣椒水冷却后，滤出清液叶面喷雾，在晴天的中午喷雾最佳。

药剂防治。移栽前，使用25%噻虫嗪1 000倍液等强内吸性杀虫剂兑水喷淋幼苗，使药液喷淋整棵幼苗植株并渗透到土壤中，持效期可达20～30天，防治效果明显。定植后，在蚜虫初发时，选用75克/升阿维菌素·双丙环虫酯9～13毫升/亩、50克/升的双丙环虫酯10～16毫升/亩、22%噻虫·高氯氟微囊—悬浮剂5～10毫升/亩、22%联苯·噻虫嗪悬浮剂20～40毫升/亩、22.4%螺虫乙酯悬浮剂20～30毫升/亩、1.5%苦参碱可溶液剂30～40毫升/亩、14%氯虫·高氯氟微囊悬浮剂15～20毫升/亩、10%溴氰虫酰胺乳剂30～40毫升/亩进行防治、每隔7～10天防治1次，连续防治2～3次，注意轮换使用不同作用机制的药剂，防止蚜虫产生抗药性。

(8) 棉铃虫

棉铃虫（*Helicoverpa armigera*）又称钻心虫，番茄蛀虫，属鳞翅目（Lepidoptera）夜蛾科（Noctuidae）。

①形态特征。卵：半球形，较高。卵高0.51～0.55毫米，直径0.44～0.48毫米。卵孔不明显，伸达卵孔的纵棱11～13条。纵棱有2叉和3叉到达底部，通常26～29条。幼虫：初孵幼虫青灰色，幼虫有6龄，末龄幼虫体长40～50毫米，头部褐色，体色有多种色型，如黑色、黄色褐斑、绿色黄斑、灰褐色、红色、黄色等。幼虫的气门线、背侧线清晰；体表密布纵向细条纹，各节上有毛片12个。蛹：纺锤形，体长17～20毫米，赤褐到黑褐色，具有2个臀棘。成虫：成虫体长15～20毫米，翅展31～40毫米。雌蛾赤褐色，雄蛾灰绿色。前翅各线纹清晰，翅中有肾形斑各1个，后翅淡黄色，前端呈深褐色宽带。

②发生与危害。棉铃虫喜温喜湿，世代重叠。温度在15℃以上时，越冬蛹开始羽化。成虫昼伏夜出，具有趋光性和趋化性，2～3年生的杨树枝对成

蛾的诱集能力很强，可利用此习性，在辣椒田地插杨树枝把诱集成虫消灭之。同时，成虫具有趋向蜜源植物吸食花蜜作为补充营养的习性。成虫羽化当天即可进行交配，平均每雌虫可产卵达 1 000 粒左右。成虫产卵适温 23℃ 以上，20℃ 以下很少产卵，卵散产，一般产在寄主植物幼嫩的部位。幼虫生活条件以温度 25～28℃，相对湿度 75％～90％ 最佳。老熟幼虫一般在入土化蛹前数小时即停止取食，多从植株上滚落至地面，仅有少数个体沿着茎秆爬至地表。幼虫入土化蛹多在原落地处 1 米范围内，寻找较为疏松干燥的土壤钻入。

辣椒棉铃虫以幼虫蛀食蕾、花、果为主，也危害嫩茎、叶和芽。花蕾受害时，苞叶张开，变成黄绿色，2～3 天后脱落。幼果常被吃空或引起腐烂而脱落，成果虽然只被蛀食部分果肉，但因蛀孔在蒂部，便于雨水、病菌流入引起腐烂。1 头幼虫可蛀食 3～5 个果，果实大量被蛀会导致果实腐烂脱落，造成减产。

③防治措施。

农业防治。定植前，翻地灭蛹，采用冬耕冬灌及田间耕作的方法杀死虫蛹，翻地可破坏棉铃虫在土中的羽化通道，使其羽化后不能出土窒息而死；结合田间管理，及时整枝打杈，把嫩叶、嫩枝上的卵及幼虫一起带出田外烧毁或深埋；结合采收，摘除虫果集中处理，可减少田间卵量和幼虫量。

理化诱控。一是利用成虫的趋光性特点，在田间布置黑光灯、高压泵灯诱杀成虫。二是使用杨树枝把诱蛾。第 2 代和第 3 代棉铃虫羽化盛期，取 70 厘米左右的杨树枝，每 7～8 枝捆成 1 束，堆沤 1～2 天，然后均匀插 105～150 把/公顷，每天日出前用网袋套住枝把捕捉成虫。6～7 天需要更换 1 次。三是使用性诱剂诱杀。

生物防治。一是保护利用自然天敌。棉铃虫天敌种类很多，应尽量减少使用农药和改进施药方式，减少杀伤天敌，发挥自然天敌对棉铃虫的控制作用。二是在成虫始发期释放赤眼蜂进行防治，连续释放至少 2～3 次，每次 22.5 万头/公顷，卵寄生率可达 60％～80％。三是喷施苏云金杆菌或棉铃虫核型多角体病毒（NPV）。

药剂防治。在棉铃虫产卵高峰期至低龄幼虫盛发初期施药，注意喷雾均匀，重点喷洒辣椒新生部分、叶片背部等害虫喜欢咬食的部分。选用 1.8％阿维菌素乳油 3 000 倍液、4.5％高效氯氰菊酯乳油 3 000～3 500 倍液、25％灭幼脲悬浮剂 600 倍液或 2.5％溴氰菊酯乳油、10％氯氰菊酯乳油 1 000 倍液进行喷雾防治，每隔 7～10 天防治 1 次，连续防治 3～4 次。

（9）甜菜夜蛾

甜菜夜蛾（*Spodoptera exigua*），属鳞翅目（Lepidoptera），夜蛾科（Noctuidae）。

①形态特征。卵：馒头形，白色，表面有放射状隆起线。幼虫：体长约22毫米。体色变化很大，有绿色、暗绿色至黑褐色。腹部体侧气门下线为明显的黄白色纵带，有的带粉红色，带的末端直达腹部末端。蛹：体长10毫米左右，黄褐色。成虫：体长10～14毫米，翅展25～34毫米。头胸及前翅灰褐色，前翅基线仅前端可见双黑纹，内、外线均为双线黑色，内线波浪形，剑纹为一黑条，后翅白色，翅脉及端线黑色，腹部浅褐色。

②发生与危害。甜菜夜蛾喜高温干旱，一年发生6～8代。幼虫一般分为5个龄期，但随着不同环境的改变龄期也可能延长为6龄或7龄。4～5龄是危害暴食期，取食物量占全幼虫期的80%～90%。幼虫及成虫有昼伏夜出的习性，活动隐蔽，不易被发现。幼虫可成群迁移，稍受震扰吐丝落地，有假死性。3～4龄后，白天潜于植株下部或土缝，傍晚爬出后移到辣椒植株上取食为害，直至翌日早晨。阴雨天可全天危害。以幼虫危害叶片为主，初孵化的幼虫群集于叶背取食危害；1～2龄低龄幼虫常群集在辣椒心叶结网危害，取食叶肉，留下表皮，叶片出现透明小孔；3龄以上幼虫可将叶片咬成缺刻，严重时叶片仅剩叶脉和叶柄，致使植株死亡，造成缺苗断垄，甚至毁田。3龄以上幼虫还可钻蛀果实，造成落果烂果。幼虫虫口密度过大时，会自相残杀。幼虫老熟后，在土表下0.5～3厘米处做椭圆形土室化蛹，也可在植株基部隐蔽处化蛹。

③防治措施。

农业防治。做好田园清洁，及时清除杂草；人工摘除卵块，减少虫源。晚秋、初春对虫害发生严重的田块进行深翻，消灭越冬蛹。

理化诱控。使用黑光灯或糖醋液诱杀成虫。糖、醋、酒、水按质量比为3∶4∶1∶2配制糖醋液。将糖醋液装入盆钵里，每亩放置3～4个，10天左右更换1次。

生物防治。甜菜夜蛾常见的天敌有寄生蜂和寄生蝇类，寄生在甜菜夜蛾的幼虫、蛹和卵上，释放天敌后注意做好病虫害的监测工作，发现病虫害及时施药防治并注意保护天敌，使用对天敌杀伤力较小的药剂进行防治。

药剂防治。在甜菜夜蛾卵孵化盛期或低龄幼虫期，于傍晚或清晨施药，选用5%甲氨基阿维菌素苯甲酸盐微乳剂3～4毫升/亩、3%甲氨基阿维菌素苯甲酸盐微乳剂4～7毫升/亩、32 000 IU/毫克的苏云金杆菌可湿粉剂40～60克/亩、19%溴氰虫酰胺2.4～2.9毫升/亩进行苗床喷淋、1%苦皮藤素水乳剂90～120毫升/亩、300亿PIB/克甜菜夜蛾核型多角体病毒水分散粒剂2～5克/亩、30亿PIB/毫升甜菜夜蛾核型多角体病毒悬浮剂20～30毫升/亩、5%氯虫苯甲酰胺悬浮剂20～60毫升/亩、10%氯氰菊酯乳油2 000～3 000倍液、21%氟铃·辛硫磷130～160毫升/亩等药剂进行喷雾防治，每隔7～10天防治

1次，连续防治2~3次。

（10）金龟子

金龟子是金龟子总科（Scarabaeoidea）昆虫的通称，属无脊椎动物，昆虫纲（Insecta），鞘翅目（Coleoptera）。金龟子幼虫统称为蛴螬。危害辣椒的金龟子有黑绒鳃金龟（Erica orientalis，属鳃金龟科 Melolonthidae）；小青花金龟（*Oxycetonia jucunda*，属花金龟科 Cetoniinae）等。

①形态特征。黑绒鳃金龟，主要分布于东北、华北和西北地区，尤以山区发生严重。成虫体长6~9毫米，体宽3.1~5.4毫米。虫体黑褐色、有光泽。触角鳃片部3节比较明显。头大，唇基长大粗糙而油亮，头面有绒状闪光层。前胸背板短阔，密布粗深刻点。小盾片舌形。鞘翅粗糙，密布刻点，有9条浅纵沟。1年1代，以成虫越冬。越冬成虫于4月末至6月上旬为活动盛期。成虫昼伏夜出，飞翔力强，有雨后出土习性和趋光性，喜食榆、杨和柳等的叶片；幼虫以腐殖质和幼根为食。

小青花金龟，主要分布于东南部沿海各省及黄河流域中下游地区和西南地区。成虫体长11~16毫米，宽6~9毫米，体稍狭长。体表绿、黑、浅红或古铜色，散布众多形状不同白绒斑。头部黑褐色、密布长茸毛，唇基较大，密布刻点，前胸背板由前向后外扩，前端两侧各具一白斑，满布黄色细毛及小刻点，小盾片狭小。鞘翅狭长，具银色斑纹。臀板短阔，密布粗大横皱纹，近基部有4个横列银白绒斑。1年1代，多数以幼虫越冬，早春化蛹、羽化，成虫4月下旬至6月出现。成虫白天在花丛中取食花瓣、花蕊，幼虫以腐殖质为食。

②发生与危害。成虫通常聚集在植物叶片上危害，雌成虫将卵产于土中，孵化后的幼虫在土中取食辣椒根茎和嫩苗，为害严重时，可造成田间缺苗断垄，影响辣椒的产量和质量。成虫有假死性、趋光性和喜湿性，并对未腐熟的厩肥有较强的趋性，可用黑光灯诱杀。

③防治措施。

农业防治。合理安排轮作，前茬为大豆、花生、薯类、玉米或与之套作的菜田，蛴螬发生较重，轮作可减轻为害。合理施肥，施用充分腐熟的农家肥。适时秋耕，可将部分成虫、幼虫翻至地表，使其风干、冻死或被天敌捕食、机械杀伤。

理化诱控。灯光诱杀，在成虫盛发期，每50亩设黑光灯1盏，下置糖醋液，傍晚开灯诱集。人工捕杀，施农家肥前筛出其中的蛴螬，定植后发现辣椒被害可利用成虫的假死性将其从辣椒上振落捕杀。

药剂防治。选用50%辛硫磷乳油拌种，辛硫磷、水、种子的比例为1：50：600，具体操作是将药液均匀喷洒放在塑料薄膜上的种子，边喷边拌，拌后闷种 3～4 小时，其间翻动 1～2 次，种子晾干后即可播种，防治持效期可达 20 天以上。在地表撒施辛硫磷颗粒剂，每亩撒施 3～5 千克，掺细土 25～50 千克充分混合制成毒土，均匀撒施地面旋耕混均起垄后播种。成虫发生时，选用 50%辛硫磷乳油 1 500 倍液、80%敌百虫可溶性粉剂 1 000 倍液等药剂进行灌根。

（11）辣椒星白雪灯蛾

星白雪灯蛾（*Spilosoma menthastri*）又称星白灯蛾，属鳞翅目（Lepidoptera），灯蛾科（Arctiidae）。

①形态特征。卵：为半球形，初产为淡绿色或黄绿色，后变成灰黄色。若虫：土黄色至黑褐色，背面有灰色或灰褐色纵带，气门白色，密生棕黄色至黑褐色长毛，腹足土黄色。蛹：初淡黄色，后变橙色、褐色、暗红褐色。头部、前胸和腹背布满不规则小皱纹刻斑，后胸和腹部各节除了节间沟外，密布浅凹刻点。成虫：体长 14～18 毫米，翅展 33～46 毫米。腹部背面黄色，每腹节中央有 1 个黑斑，两侧各有 2 个黑斑。前翅表面带黄色，散布黑色斑点，黑点数因个体差异，各不相同。夏末出现的个体略小，前翅几乎呈白色，翅表黑斑数目较多。

②发生与危害。该虫 1 年发生 2～3 代，食性杂，除辣椒外，还可危害玉米、豆类、十字花科作物、茄科蔬菜、棉花等作物。成虫多于夜间羽化，昼伏夜出，有趋光性，在羽化后 3～4 天开始产卵，成块产于叶背，形状不一，每雌可产 400 余粒。初龄幼虫群集在卵块危害，昼夜取食叶片，并吐丝下垂而扩散。3 龄后开始分散，爬行迅速，受惊有假死习性。高龄幼虫多夜间取食，有明显的潜土性，白天多隐匿在表土、土块下、土缝内、土块间或叶背，老熟幼虫在地表结茧化蛹，以蛹在土中越冬。幼虫取食叶片导致叶片缺刻或孔洞，对辣椒植株生长和产量影响较大。该虫如遇大雨或暴雨可减轻危害。

③防治措施。

农业防治。结合田间管理，人工摘除卵块和群集为害的有虫叶片；冬季翻耕土壤，消灭越冬蛹，可减轻为害。

理化诱控。当第一代成虫发生时，利用黑光灯诱杀成虫，减少第二代的基数。

生物防治。保护和利用绒茧蜂、捕食性步甲等天敌；使用苏云金杆菌、白僵菌等生物药剂进行防治。

药剂防治。在幼虫 3 龄期前开始进行施药防治，可喷施 90%敌百虫 800～1 000 倍液、50%辛硫磷乳油 1 000 倍液、50%杀螟松乳油 1 000 倍液等药剂进行防治，施药时间以傍晚或夜间为宜。

（12）斜纹夜蛾

斜纹夜蛾（*Spodoptera litura*），属鳞翅目（Lepidoptera）夜蛾科

(Noctuidae)，是我国大多数农作物上的常见害虫。

①形态特征。卵：扁平的半球状，初产黄白色，后变为暗灰色，块状黏合在一起，上覆黄褐色绒毛。卵多产于叶片背面。幼虫：体长33～50厘米，头部黑褐色，胸部多变，从土黄色到黑绿色都有，体表散生小白点，各节有近似三角形的半月黑斑一对。幼虫一般6龄，有假死性，老熟幼虫体长近50厘米，头黑褐色，体色则多变，一般为暗褐色，也有呈土黄、褐绿至黑褐色的，背线呈橙黄色，在亚背线内侧各节有一近半月形或似三角形的黑斑。蛹：长15～20厘米，圆筒形，红褐色，尾部有一对短刺。成虫：体长14～20厘米，翅展35～46厘米，体暗褐色，胸部背面有白色丛毛，前翅灰褐色，花纹多，内横线和外横线白色、呈波浪状、中间有明显的白色斜阔带纹，所以称斜纹夜蛾。成虫具趋光和趋化性。

②发生与危害。斜纹夜蛾是一种喜温性害虫，其生长发育最适宜温度为28～30℃，相对湿度为75%～85%，夏秋是高发季节。38℃以上高温和冬季低温，对卵、幼虫和蛹的发育都不利。长江地区野外斜纹夜蛾不能越冬，成虫均从南方迁飞而来。当土壤湿度过低，含水量在20%以下时，不利于幼虫化蛹和成虫羽化。1～2龄幼虫如遇暴风雨则大量死亡。蛹期大雨，田间积水也不利于羽化。

斜纹夜蛾主要以幼虫危害为主，幼虫食性杂且食量大，初孵幼虫在叶背为害，取食叶肉仅留下表皮；3龄幼虫以后造成叶片残缺甚至全部吃光，蚕食花蕾造成缺损，容易暴发成灾。4龄后进入暴食期，猖獗时可吃尽大面积寄主植物叶片，并迁徙他处危害。

斜纹夜蛾一年可发生4～5代，成虫的主要活动时间是夜间，白天一般藏于无阳光照射的阴暗地方，如叶背和地面的土缝。雌蛾一次产卵3～5块，每块卵的数量为100～200个，通常位于叶背叶脉分叉处，幼虫的孵化时间为5～6天，刚孵化出来的幼虫在叶背处聚集，4个日龄之后，便会如同成虫白天潜伏，夜晚活动取食叶片。斜纹夜蛾的成虫具有非常强烈的趋光和趋化性，天敌较多，主要包括黑卵蜂、小茧蜂、寄生蝇等。

③防治措施。

农业防治。轮作换茬，首选与水稻轮作；移栽前翻耕晒垡，铲除田边杂草。在幼虫入土化蛹高峰期，结合农事操作进行中耕灭蛹，降低田间虫口基数。在斜纹夜蛾化蛹期，结合抗旱进行灌溉，可以淹死大部分虫蛹，降低虫口基数。在斜纹夜蛾产卵高峰期至初孵期，采取人工摘除卵块和初孵幼虫为害叶片，带出田外集中销毁。合理安排种植茬口，避免斜纹夜蛾寄主作物连作。

理化诱控。使用防虫网覆盖可有效阻隔该害虫；利用成虫趋光性，于盛发期使用黑光灯诱杀；使用糖醋、甘薯、豆饼发酵液以及杨树枝来诱杀，如利用成虫趋化性配糖醋液（糖∶醋∶酒∶水＝3∶4∶1∶2）加少量敌百虫诱蛾；通过在田间应用缓释雌蛾性信息素引诱雄蛾，并用特定物理结构的诱捕器进行捕杀从而降低雌雄交配，降低雌蛾落卵量，通过降低后代种群数量而达到防治的目的。在减少化学农药使用次数的同时降低农残，延缓害虫对农药抗性的产生。

生物防治。斜纹夜蛾常见的捕食性天敌有各种蛙类、鸟类、蜻类、蜘蛛类以及螳螂、蟾蜍、蠼、蝼、草蛉步甲、瓢虫等。寄主性天敌种类有 80 多种，其中寄生蜂（黑卵蜂、小茧蜂等）和寄生蝇有 60 多种、病原物有 10 种、寄生线虫有 10 种。充分保护和利用天敌防治斜纹夜蛾。

药剂防治。防治最佳时机须在幼虫低龄期时和暴食期前用药，应在傍晚时施药。在幼虫 1～2 龄期前，可使用斜纹夜蛾多角体病毒按 800～1 000 倍液或苏云金杆菌 500～800 倍液进行喷雾，当斜纹夜蛾世代重叠严重、发育不齐、与其他害虫同时发生，害虫种群密度较大时，可用病毒制剂和低浓度杀虫剂混合使用，病毒使用量是每亩 600 亿个包涵体，化学使用量是常规使用量一半以下，混合使用可以提高药效，也可以兼顾防治其他害虫。同时还可选用 5％高氯·甲维盐微乳剂 15～30 毫升/亩、5％氯虫苯甲酰胺悬浮剂 30～60 毫升/亩、10％虫螨腈悬浮剂 40～60 毫升/亩、16 000 IU/毫克苏云金杆菌可湿性粉剂 200～250 克/亩、5％甲氨基阿维菌素苯甲酸盐悬浮剂 20～25 毫升/亩等药剂进行轮换防治。

（13）烟粉虱

烟粉虱（*Bemisia tabacigennadius*）属半翅目（Hemiptera）、粉虱科（Aleyrodidae）。

①形态特征。卵：长梨形，有小柄，与叶面垂直，大多散产于叶片背面。初产时淡黄绿色，孵化前颜色加深，呈琥珀色至深褐色，但不变黑。若虫：共 3 龄，椭圆形，淡绿至黄色可透见 2 个黄色点。第一龄若虫有触角和足，能爬行迁移。第 1 次蜕皮后，触角及足退化，固定在植株上取食。第 3 龄蜕皮后形成蛹，蜕下的皮硬化成蛹壳。1 龄体长约 0.27 毫米，宽 0.14 毫米，2、3 龄体长分别为 0.36 毫米和 0.50 毫米，有体毛 16 对，腹末端有 1 对明显的刚毛，腹部平、背部微隆起。伪蛹：椭圆形，有时边缘凹入，呈不对称状。管状孔三角形，长大于宽。舌状器匙状，伸长盖瓣之外。在有毛的叶片上，蛹体背面具刚毛，在光滑无毛的叶片上，蛹体背面不具长刚毛。第 4 龄虫为伪蛹，淡绿色或黄色，长 0.6～0.9 毫米，蛹壳边缘扁薄或自然下陷无周缘蜡丝；胸气门和尾气门外常有蜡缘饰，在胸气门处呈左右对称，此时期烟粉虱并不进食。成虫：体淡黄色，体长 0.85～0.91 毫米，翅白色，披蜡粉无斑点，前翅脉一条

不分叉，静止时左右翅合拢呈屋脊状。雌虫体长 0.91 ± 0.04 毫米，翅展 2.13 ± 0.06 毫米；雄虫体长 0.85 ± 0.05 毫米，翅展 1.81 ± 0.06 毫米。复眼红色，单眼两个，触角发达 7 节。翅白色无斑点，背有蜡粉。前翅有 2 条翅脉，第 1 条脉不分叉，停息时左右翅合拢呈屋脊状。足 3 对，跗节 2 节，爪 2 个。

②发生与危害。烟粉虱一般在温室为害，周年可发生，没有休眠和滞育期，繁殖速度非常快。烟粉虱成虫寿命为 $10\sim22$ 天，有世代重叠现象，温度越高繁殖速度越快，在亚热带及热带地区每年可以发生 $11\sim15$ 代。在 $25\sim30℃$ 的条件下，烟粉虱完成一个世代仅需 $18\sim30$ 天，世代产卵量平均可达 200 粒以上。烟粉虱以成虫或若虫群集辣椒叶背面刺吸汁液，使叶片褪绿变黄，由于刺吸造成汁液外溢诱发落在叶面上的杂菌形成霉斑，严重时霉层覆盖整个叶面，从而导致辣椒植株衰弱，影响辣椒正常生长和发育；烟粉虱因携带多种病原病毒还可传播病毒病，烟粉虱通过迁徙、飞行和取食辣椒叶子进行病毒病的传播，严重时会导致辣椒植株大量死亡和减产；烟粉虱还可引发煤污病，成虫和若虫能够分泌蜜露，严重时使叶片呈黑色引发煤污病，影响植株光合作用，甚至导致辣椒整株死亡。

③防治措施。

农业防治。利用烟粉虱的取食偏好性，将辣椒和不敏感的作物（烟草、甘蓝和红薯等）相互邻作、间作以达到控制虫口基数的目的，从而降低烟粉虱对辣椒的危害。避免辣椒与黄瓜和番茄混栽，否则会加重危害。

物理防治。根据烟粉虱对黄色具有趋向性这一特点，制作黄色的粘虫板悬挂在植物上方来防治烟粉虱，或使用 40 目防虫网进行防治。

生物防治。一是棚室栽培辣椒可释放天敌昆虫进行防治，目前已报道的烟粉虱天敌昆虫有赤眼蜂、丽蚜小蜂、恩蚜小峰、瓢虫、草蛉、捕食螨、捕食蝽等约 100 多种。二是利用球孢白僵菌、爪哇棒束孢等真菌进行"以菌治虫"。

药剂防治。辣椒定植时，发现秧苗有成堆卵块，辣椒生长后期就会受到危害，应勤检查，及时防治。

熏蒸或烟熏法：每公顷温室用80%敌敌畏乳油 2 250 毫升，加水 14 千克稀释后，喷拌木屑 40 千克，均匀撒于行间，密封门窗，熏 $1\sim1.5$ 小时，温度控制在 $30℃$ 左右。或每公顷温室用80%敌敌畏乳油 $6\sim7.5$ 千克，浇洒在锯木屑等载体上，再加一块烧红的煤球熏烟。

烟雾法：用东方红 18 型弥雾机配上发烟器进行烟雾杀虫。药剂可用溴氰菊酯等。一般温室每公顷喷液量为 1 500 毫升，使用剂量（有效成分）因农药品种而异。

常规喷雾：移栽前，使用25%噻虫嗪 1 000 倍液等强内吸性杀虫剂兑水喷淋幼苗，使药液喷淋整棵幼苗植株并渗透到土壤中，持效期可达 20～30 天，防治效果明显。定植后，在虫害发生初期，选用 19％溴氰虫酰胺悬浮剂 4.1～5 毫升/米²、10％吡虫啉可湿性粉剂 2.5～5 克/亩、3％啶虫脒乳油 2.5～5 克/亩、1.8 阿维菌素 30～40 克/亩、75 克/升阿维菌素·双丙环虫酯可分散液剂 45～53 毫升/亩、50 克/升双丙环虫酯可分散液剂 55～65 毫升/亩、10％溴氰虫酰胺悬浮剂 40～50 毫升/亩、22％螺虫·噻虫啉悬浮剂 30～40 克/亩等药剂进行轮换防治。

2. 主要病害

(1) 辣椒疫病

辣椒疫病俗称黑杆，是由辣椒疫霉菌侵染所引起的、发生在辣椒上的病害。辣椒疫病作为一种土传病害，大部分辣椒疫霉菌以多种形态（卵孢子、菌丝体、厚垣孢子和孢子囊等）存活于空气、土壤中，以及依附于植株体上，在土壤中越冬的辣椒疫霉菌一旦于合适条件时萌发，并侵染辣椒受伤的根系或茎部，引起根腐、溃疡和斑点等病害症状，并通过灌溉、雨水、农事操作等方式迅速地蔓延至整个种植区。高温高湿条件下最适宜辣椒疫霉菌的传播，其爆发的温度为 25～30℃，结合高湿条件发病最为严重。

①病原特征。辣椒疫病的病原是辣椒疫霉菌（*Phytophthora capsici*），属鞭毛属亚门疫霉属的一种病原真菌。病菌孢囊梗呈不规则分枝或伞形分枝。孢子囊顶生，长椭圆形，淡色，顶端有乳头状突起，大小为（27.6～55.8）微米×（15.5～31.6）微米。萌发时产生多个有双鞭毛的游动孢子。卵孢子圆球形，黄褐色，直径为 15～28 微米。病菌还能产生球形的厚壁孢子，淡黄色，单胞。

②症状识别。辣椒疫病苗期和成株期均可发生，以成株期发病为主。病菌可侵染根、茎、叶、果。

苗期发病：茎基部呈暗绿色水渍状软腐或猝倒，即苗期猝倒病；有的茎基部呈黑褐色，幼苗枯萎而死。

成株期发病：主根染病，初呈淡褐色湿腐状斑块，后逐渐变为黑褐色，导致根及根颈的韧皮部腐烂，木质部变为淡褐色，引起整株萎蔫死亡，可称为"根腐型"，常和辣椒根腐病相混；茎和枝染病，病斑初为水渍状，环茎枝表皮扩展导致茎枝"黑杆"（彩图 4-11），病部以上枝叶迅速凋萎；叶片染病，出现污褐色边缘不明显的病斑，病叶很快湿腐脱落；果实染病，特别是菜椒，多始于蒂部，初生暗绿色水渍状斑，病果迅速变褐软腐，湿度大时病果表面长出白色霉层，干燥后形成暗褐色僵果，残留在枝上。

③发病条件。病原菌的卵孢子可存活 3 年以上，病菌以卵孢子或厚壁孢子随病残体在土壤中越冬，成为次年发病的初侵染菌源。次年在适宜的温度和湿

度条件下，卵孢子萌发，长出孢子囊。孢子囊通过气流或风雨溅散传播，萌发时产生多个游动孢子，游动孢子萌发后进行初侵染。初侵染发病后又长出大量新的孢子囊，主要随灌溉、雨水、农事活动进行传播。植株伤口有利于病菌侵入，并可发生多次侵染。

长江中下游地区的辣椒疫病主要发病盛期保护地为5～6月，露地为6～7月。年度间早春温暖多雨、大雨或连阴雨天后骤然放晴，气温迅速升高，有利于病害流行。田块间连作地、地势低洼、雨后积水、排水不良的田块发病较重；栽培上种植过密、通风透光差的田块发病重。不同品种的发病情况也有差异，尖椒型品种发病率低于甜椒杂交型品种；连续10天以上的高温干旱天气，则可抑制该病的发生与蔓延。

辣椒疫病是一种流行性很强的病害，条件适宜时，在短时间内就可流行成灾。多雨、潮湿的天气条件是病害流行的关键因素，特别是大雨后骤晴，气温急剧上升时病害最易流行。田间25～30℃、相对湿度高于85%时病害易流行。土壤湿度在95%以上持续4～6小时，病菌即可完成侵染，2～3天便可完成一个世代更替。辣椒疫病正是因为发病周期短，流行速度迅猛，成为辣椒上的一种毁灭性病害。从时间上来说，如果6月中下旬出现发病中心，则7月下旬至8月上旬会出现发病高峰。在适宜的温度条件下，灌水方式、灌水量、灌水时间对辣椒疫病的发生程度有很大影响。单水口大水漫灌，极易暴发流行。多水口小水浅灌发病轻；午间高温灌水发病重于早、晚灌水；雨前、雨后和久旱猛灌大水发病重。

品种因素：不同品种的抗性也有差异，一般甜椒类抗性差，辣椒类抗性稍强。

其他因素：连作地块，特别是往年曾发病的地块发病重；平畦栽培地块重于起垄栽培地块；其次，地势低洼、排水不畅、土壤黏重、氮肥过多、定植过密，通风透光性差、管理粗放、杂草丛生的地块发病重。

④防治措施。

种子处理：种子严格消毒，培育无菌壮苗；定植前7天和当天，喷洒2次25%甲霜灵可湿性粉剂800倍液，做到净苗移栽，减少病害发生。

农业防治。一是选用抗病品种，或采用砧木嫁接。由于辣椒疫病的传播途径多，病原菌的卵孢子在土壤中能长期存活，所以在适宜的温湿度情况下，很容易造成辣椒疫病的爆发流行，使辣椒在短期内大面积枯死。因此，对于解决农业种植的辣椒疫病，相关研究人员要充分结合栽培的实际状况，考虑不同的栽培环境和要求，运用科学的研究结果充分培育抗疫病的品种，从而在一定程度上对辣椒疫病进行预防治理。二是深翻改土。深翻土地30厘米，增施有机肥和磷钾肥，适量施用氮肥，改善土壤结构，提高保肥保水性能，促进辣椒根系发达，植株健壮。三是土壤灭菌处理。在定植前，实行火烧土壤、高温闷棚，消除棚内残留病菌；使用25％甲霜灵可湿性粉剂浸泡辣椒根部10～15分钟，并进行灌穴，每穴浇灌50～60毫升；或结合整地使用杀毒矾拌干细土撒在土壤中，达到杀灭土壤病菌的目的。定植以后，棚室严格实行封闭管理，防止外来病菌侵入和互相传播病害。四是加强田间管理。辣椒从育苗开始，就要加强水、肥管理，满足辣椒生长发育对水肥的需求，促进植株健壮生长，提高抗病能力，减少发病。减少氮肥的施用量，实行氮、磷、钾肥配合使用，补充微量元素肥料，防止植株徒长和缺素症。在管理过程中要尽量减少人为机械创伤，避免造成伤口。五是要及时清除病株、残枝败叶。发病始期，要及时拔除中心病株带出田外销毁，田间发现少量发病叶果应及时摘除并进行无害化处理，发现茎干发病应及时使用70％代森锰锌200倍液涂抹病斑；辣椒采收结束后，彻底清理田间残枝落叶集中销毁。在疫病严重的园区或者村点，在设施出入口处，应铺设浸有消毒液的消毒垫或消毒池，可选用双链季铵盐类、含氯消毒剂等，延缓和抑制因为串棚导致的土传病虫害传播蔓延。不同棚室间活动和作业时，注意使用鞋套、专用鞋、专用农具等，避免传带病原。同时减少或者避免不必要的串棚，尤其不要从病虫害严重的蔬菜棚到病虫害较轻的辣椒棚。

药剂防治。发病前或发病初期，选用80％代森锰锌可湿性粉剂150～210克/亩、70％乙铝·锰锌可湿性粉剂75～100克/亩、77％氢氧化铜水分散粒剂15～25克/亩、34％氟啶·嘧菌酯悬浮剂25～35毫升/亩、23.4％双炔酰菌胺悬浮剂30～40毫升/亩、50％氟啶胺悬浮剂30～35毫升/亩、70％丙森锌可湿性粉剂150～200克/亩、20％丁吡吗啉悬浮剂125～150克/亩、440克/升精甲·百菌清悬浮剂97.5～120毫升/亩、687.5克/升氟菌·霜霉威悬浮剂60～75毫升/亩、500克/升氟啶胺悬浮剂25～33毫升/亩等药剂进行喷雾防治，每隔7天防治1次，连续防治2～3次。辣椒定植后，使用25％甲霜·霜脲氰水分散粒剂400～600倍液进行灌根提前防治，每株灌药150毫升左右，根据病情防控情况决定用药间隔时间和次数，一般每隔7～10天灌根1次，连续灌根2～3次。辣椒生长过程中，可使用药液灌根封锁发病中心，使用25％甲霜灵可湿性粉剂700倍液等药剂对病穴和周围植株进行灌根，每隔5～7天灌根1次，连续灌根2次。大棚栽培辣椒可选用烟雾法或粉尘法进行防治疫病，每亩使用45％百菌清烟雾剂250～300克喷药防治，每隔7～10天防治1次，连续防治2～3次。

（2）辣椒褐斑病

①病原特征。辣椒褐斑病病原为辣椒灰星尾孢霉（*Cercospora capsici*），

属半知菌亚门真菌。分生孢子座无或由少数褐色细胞组成；分生孢子梗 2～20 根成束，暗橄榄色，隔膜 3～8 个，少数具分支，直或微弯，或有屈曲 1～3 处；分生孢子无色，鞭形或细棍棒形，直或微弯，基端较平，顶端近乎钝圆或稍尖，隔膜初时不明显，多为 4～9 个，大小为（67～120）微米×（2.4～3.3）微米。

菌丝的生长以马铃薯葡萄糖琼脂培养基为最适，适宜温度为 20～25℃，最适温度为 25℃，最适 pH 为 8～9，光照对菌丝生长没有明显的促进作用，菌丝致死温度为 55℃，时长为 10 分钟。分生孢子萌发适宜碳源为 1% 的蔗糖溶液，适宜氮源为 1% 的甘氨酸溶液；孢子萌发适宜温度为 20～30℃，最适温度 25℃，最适 pH 为 5～6，光照对孢子萌发没有明显的促进作用，分生孢子致死温度和时间为 52℃和 10 分钟。

②症状识别。褐斑病主要危害甜椒、辣椒叶片，偶尔也危害茎部。叶片发病时，先从下部叶片开始，病斑多圆形或近圆形病斑，初为褐色，后渐变为灰褐色，表面稍隆起，周缘有黄色的晕圈，病斑中央有一个浅灰色中心，具明显的同心轮纹，严重时病斑相互愈合成不规则的大斑，后期病组织常干枯坏死，呈穿孔状，病叶变黄脱落。湿度大时病斑正反两面均可产生灰色霉状物。茎部也可染病，症状与叶片染病类似。

③发病条件。病菌可在种子上越冬，也可以菌丝块在病残体上或以菌丝在病叶上越冬，成为翌年初侵染源。病害常始于苗床。高温高湿持续时间长的季节更有利于该病的扩展。病菌以菌丝体随病残体在土壤中越冬，种子也能带菌越冬。田间发病后病部产生分生孢子，借风雨、灌溉水和工具传播蔓延。病菌喜温暖高湿条件，20～25℃适宜发病，相对湿度 80% 以上时开始发病，湿度愈大发病愈重。植株生长不良易发病。

④防治措施。

种子处理。播种前使用 55～60℃温水浸种 15 分钟，或使用 50% 多菌灵可湿性粉剂 500 倍液浸种 20 分钟后冲净催芽，或使用种子重量 0.3% 的 50% 多菌灵进行拌种。

农业防治。定植前，彻底清理田园，深翻土地 30 厘米，晾晒土地 5～7 天，与非茄科蔬菜进行轮作换茬。保护地栽培辣椒，宜在定植前进行高温闷棚消毒。高温闷棚消毒在夏日休闲季节高温强光下进行，闷棚在土壤灌水、覆膜后密闭棚室 20～30 天，其中至少有累计 15 天以上的晴热天气。闷棚消毒后揭膜晾晒 7～10 天，使用有机肥、菌肥后定植。及时清理田间辣椒残株、败叶、杂草，集中深埋或堆沤处理。

药剂防治。发病初期喷洒 50% 代森锌可湿性粉剂 500～600 倍液，或 1∶

200 波尔多液，或 75％百菌清可湿性粉剂 500～600 倍液，或 36％甲基硫菌灵悬浮剂 500 倍液，或 20％苯霜灵乳油 350 倍液，或 50％克菌丹可湿性粉剂 450 倍液，每隔 7 天左右喷药防治 1 次，连续防治 2～3 次。

(3) 辣椒疮痂病

①病原特征。辣椒疮痂病也称辣椒细菌性斑点病，由细菌感染，辣椒疮痂病病原为野油菜黄单胞菌辣椒斑点病致病型细菌（*Xanthomonas campestris*），属薄壁菌门、黄单胞菌属细菌。菌体杆状，两端钝圆，大小（1.0～1.5）微米×（0.6～0.7）微米，单极生鞭毛，能游动，菌体排列成链状，有荚膜，无芽孢。革兰氏染色阴性，好气性。在培养基上菌落圆形，浅黄色，半透明。该病菌只侵染番茄和辣椒。据国外报道，辣椒疮痂病菌分为 3 个专化型：Ⅰ型侵染辣椒，Ⅱ型侵染番茄，Ⅲ型对辣椒、番茄均可侵染。病菌发育温度范围 5～40℃，最适温度 27～30℃，致死温度和持续时间为 59℃和 10 分钟。

②症状识别。辣椒疮痂病主要危害叶片、茎蔓、果实。叶片染病后初期出现许多圆形或不规则状的黑绿色至黄褐色斑点，其典型症状是发病部位隆起疮痂状的小黑点。病斑表面粗糙，常由几个病斑连成一起形成大病斑。叶背面稍隆起，水泡状，正面稍有内凹，受害严重的叶片边缘和叶尖变黄，最后干枯脱落（彩图 4-12）；茎蔓染病后病斑呈不规则条斑或斑块，后木栓化并隆起，纵裂呈疮痂状；果实染病后初为暗褐色的小点或为带水渍状边缘的疱疹，后出现圆形或长圆形墨绿色病斑，直径 0.5 厘米左右，边缘略隆起，表面粗糙引起烂果。潮湿时，疮痂中间有菌脓溢出。辣椒疮痂病早期症状与辣椒炭疽病相似，在防治上易造成混淆，故应特别注意识别和防治。辣椒疮痂病病斑凸凹不平，挤压有菌脓溢出；辣椒炭疽病是真菌病害，病叶在高温高湿情况下会有霉状物产生。

③发病条件。病原细菌主要在种子表面越冬成为初侵染源，也可随病残体在田间越冬。病菌在土壤中可存活 1 年以上。病菌从叶片上的气孔侵入，潜育期 3～5 天。在潮湿情况下，病斑上产生的灰白色菌脓借雨水飞溅及昆虫进行近距离传播。发病适宜温度为 27～30℃，高温高湿条件病害发生严重，该病多发生于 7～8 月，尤其在暴风雨过后，容易形成发病高峰。高湿天气持续时间长，叶片上的病斑不形成疮痂而迅速扩展为叶缘枯焦或叶片上形成很多小斑点，从而引起叶片大量脱落。在连作地、低洼地、排水不良、缺肥及植株生长差的地块，发病较严重。

④防治措施。

种子处理。将种子放入 55℃热水中浸种 10 分钟，或用 0.1％硫酸铜溶液浸种 5 分钟，之后移入常温水中浸种催芽后播种。

农业防治。一是选用抗病品种，如湘研 3 号、湘研 6 号、湘研 11 号、湘研 12 号、湘研 19 号、新皖椒 1 号、洛椒 4 号等品种。二是辣椒与水稻等粮食类、非茄科蔬菜进行轮作倒茬。三是选用排水良好的沙壤土，移栽前大田应浇足底水，施足有机肥、菌肥做底肥。四是加强田间管理，加强松土、浇水、追肥，促进根系发育，提高植株抗病力，并注意氮、磷、钾肥的合理搭配。

药剂防治。发病初期选用 60％百菌通可湿性粉剂 500 倍液、80％代森锰锌可湿性粉剂 150～210 克/亩、75％肟菌·戊唑醇水分散粒剂 10～15 克/亩、250 克/升嘧菌酯悬浮剂 33～48 毫升/亩、12％苯甲·氟酰胺悬浮剂 40～67 毫升/亩等药剂进行喷雾防治，每隔 7～10 天防治 1 次，连续防治 2～3 次。

（4）辣椒炭疽病

①病原特征。辣椒炭疽病病原为半知菌亚门的刺盘孢属和长圆盘孢属，常见的有辣椒刺盘孢菌（*Colletotrichum capsici*）、果腐刺盘孢菌（*Colletotrichum phomoides*）等两种病菌。不同菌种导致的炭疽病症稍有差异，表现为黑色炭疽病、黑点炭疽病和红点炭疽病。病菌喜高温高湿的环境。发病温度范围12～33℃；最适发病温度为 25～30℃，相对湿度 85％以上；孢子萌发时相对湿度要求在 95％以上。最适感病生育期为结果中后期。发病潜育期一般为 3～7 天。

辣椒刺盘孢：分生孢子盘上长有暗褐色刚毛，具 2～4 个横隔膜，分生孢子弯月形，无色，单胞，大小为（20～31）微米×（3～6）微米。

果腐刺盘孢：分生孢子盘刚毛较少，分生孢子圆筒形，无色，单胞，大小为（19～29）微米×（4～6）微米。

②症状识别。辣椒炭疽病是由刺盘孢属和长圆盘孢属侵染所引起的病害，主要危害接近成熟的果实和叶片（彩图 4-13）。果实染病，先出现湿润状、褐色椭圆形或不规则形病斑，稍凹陷，斑面出现明显环纹状的橙红色小粒点，后转变为黑色小点，此为病菌的分生孢子盘。天气潮湿时，溢出淡粉红色的粒状黏稠状物，此为病菌的分生孢子团；天气干燥时，病部干缩变薄成纸状且易破裂。叶片染病多发生在老熟叶片上，产生近圆形的褐色病斑，亦产生轮状排列的黑色小粒点，严重时可引致落叶。茎和果梗染病，出现不规则短条形凹陷的褐色病斑，干燥时表皮易破裂。

③发病条件。辣椒炭疽病是因半知菌亚门、刺盘孢属真菌侵染所致。病菌以分生孢子附于种子表面或以菌丝潜伏在种子内越冬，播种带菌种子便能引起幼苗发病。病菌还能以菌丝或分生孢子盘随病残体在土壤中越冬，成为下一季发病的初侵染菌源。越冬后长出的分生孢子通过风雨溅散、昆虫或淋水而传播，条件适宜时分生孢子萌发长出芽管，从寄主表皮的伤口侵入。初侵染发病

后又长出大量新的分生孢子，传播后可频频进行再侵染。病菌发育适宜温度为12～33℃，高温高湿有利于此病发生。如平均气温26～28℃，相对湿度大于95％时，最适宜发病和侵染，空气相对湿度在70％以下时，难以发病。病菌侵入后3天就可以发病。地势低洼、土质黏重、排水不良、种植过密通透性差、施肥不足或氮肥过多、管理粗放造成表皮伤口，或因叶斑病落叶多、果实受烈日暴晒等情况，都易于诱发炭疽病，或加重炭疽病的侵染与流行。

辣椒炭疽病是日光温室栽培辣椒常见的病害之一，可引起辣椒落叶、烂果。在果实成熟期，辣椒炭疽病受害严重的情况非常普遍。在高温高湿的条件下，辣椒炭疽病流行蔓延快，危害时间长，危害严重常造成重大损失，是影响辣椒生产和限制高产的主要因素。辣椒炭疽病发生通常造成减产20％～30％，发病严重时减产超过50％以上的，给种植户带来重大经济损失。

④防治措施。

种子处理。从无病果留种，减少初侵染菌源。若种子有带菌，可先将种子在冷水中浸10～12小时，再用1％硫酸铜浸种5分钟，或用50％多菌灵可湿性粉剂500倍液浸泡1小时，再进行播种。

农业防治。种前收后，深翻晒垡减少病原菌；合理密植，使植株下面通风透光不郁蔽，植株上面果实不暴露；避免连作，适当增施磷、钾肥，促使植株生长健壮，提高抗病力；低湿田地种植要做好开沟排水工作，防止田间积水减轻发病；辣椒炭疽病菌为弱寄生菌，成熟受伤老果易发病，须及时采果避病。果实采收后，及时清除田间遗留的病果、病残体，带出田地集中烧毁或深埋。

药剂防治。发病前或发病初期及时施药防治，选用325克/升苯甲•嘧菌酯悬浮剂20～50毫升/亩、50％福•甲•硫黄可湿性粉剂42～84克/亩、70％福•甲•硫黄可湿性粉剂50～90克/亩、75％肟菌•戊唑醇水分散粒剂10～15克/亩、16％二氰•吡唑酯悬浮剂90～120毫升/亩、80％森锰锌可湿性粉剂150～210克/亩、10％苯醚甲环唑水分散粒剂50～83克/亩、42％三氯异氰尿酸可湿性粉剂60～80克/亩等药剂进行防治，每隔7天防治1次，连续防治2～3次，大风天或预计1小时内降雨勿施药。

（5）辣椒枯萎病

①病原特征。辣椒枯萎病的病原为尖孢镰刀菌（*Fusarium oxysporum*），属半知菌类、从梗孢目、瘤座孢科、镰刀菌属真菌。辣椒枯萎病已报道的有2种致病专化型，即尖孢镰刀菌萎蔫专化型（*Fusarium oxysporum* f. sp. *vasinfectum*）和尖孢镰刀菌辣椒专化型（*Fusarium oxysporum* f. sp. *capsicum*）。在我国，引起辣椒枯萎病的病原菌主要为尖孢镰刀菌萎蔫专化型，北京、广西和新疆等地也有关于尖孢镰刀菌辣椒专化型引起辣椒枯萎病的报道。

尖孢镰刀菌初期先生成 1 层白色絮状菌丝，后期逐渐产生紫色、红色、粉色或紫红色色素；菌丝生长后期形成产孢结构，即分生孢子梗，梗上形成瓶梗状产孢细胞，上着生分生孢子，分生孢子分为大型分生孢子和小型分生孢子。小型分生孢子卵圆形至椭圆形，少数略弯，0～1 个分隔，无色，数量众多，多为团生，大小为（4.0～15）微米×（1.5～4.0）微米；大型分生孢子，无色或浅褐色，长而略弯，呈镰刀状，基部有足细胞，具有 2～6 个横隔膜，多为 3 个隔膜，大小不等。该病菌的分生孢子梗或菌丝可直接转化形成厚垣孢子，顶生、间生或偶尔串生，短椭圆形或圆形，直径 7.5～11.3 微米，淡黄色或深褐色，壁厚且光滑。尖孢镰刀菌发育适温为 25～30℃，在土温 28℃ 左右时最容易侵染发病，温度高于 35℃ 或低于 17℃ 不利于其发育。

②症状识别。辣椒枯萎病在辣椒整个生长期均可发生危害。发生初期，由于病原菌在侵入辣椒根茎初期产生的镰刀菌毒素在植株蒸腾作用较大时影响了根茎对水分的吸收，致使辣椒在白天出现类似缺水性的萎蔫，但夜间可恢复。苗期该萎蔫现象持续出现 2～3 天后，辣椒下部叶片开始变黄或脱落（彩图 4-14），直至最终整株苗萎蔫死亡，辣椒根颈部可见明显水渍状褐色病斑。到发病中期，根茎表皮由水渍状变为褐色，剖开其根茎部，维管束变褐并有向上漫延的趋势。后期发病严重时，全株叶片萎蔫，枯死。若田间湿度大，发病部位还常见病原菌菌丝形成的白色霉状物。

③发病条件。病菌以菌丝体和厚垣孢子随病残体在土中越冬，可存活多年。病菌从须根、根毛或伤口侵入，在寄主根茎维管束繁殖、蔓延，并产生有毒物质随输导组织扩散，毒化寄主细胞或堵塞导管，致叶片发黄。辣椒枯萎病可通过灌溉水传播，从茎基部或根部的伤口、根毛侵入进入维管束，堵塞导管，致使叶片枯萎，田间积水，偏施氮肥的地块发病重。病菌发育适温为 24～28℃，地温 21℃ 以下或 33℃ 以上病情扩展缓慢。在适宜条件下，发病后 15 天即有死株出现，潮湿，特别是雨后积水条件下发病重。

土壤偏酸（pH 5～5.6）、植地连作、移栽或中耕伤根多、植株生长不良等，有利于发病。种植密度大，株、行间郁闭，通风透光不好，发病重；氮肥施用太多，抗性降低易发病；肥力不足、耕作粗放、杂草丛生的田块，植株抗性降低，发病重；种子带菌、肥料未充分腐熟、田间病残体多、有机肥带菌或肥料中混有本科作物病残体的易发病；土壤黏重、偏酸、多年重茬，地势低洼积水、排水不良、土壤潮湿易发病，高温、高湿、连阴雨、日照不足易发病；特别是连续 3 天大雨或连阴雨过后骤晴，发病迅速而严重。大棚栽培的，往往为了保温而不放风、引起湿度过大也易发病。

④防治措施。

种子处理。该病的防治首先要注意进行种子消毒，播种前，用0.1%的高锰酸钾或50%异菌脲可湿粉剂1 000倍液浸种30分钟，洗净后催芽播种。

农业防治。首先选用抗病品种、合理轮作，水旱轮作效果最佳；其次选择排水良好的壤土或沙壤土的地块进行栽培，不要选择地势低洼的地块，避免大水漫灌，雨后及时排水；保护地栽培时，可在夏季高温季节利用太阳能高温闷棚进行土壤消毒，操作如下：先均匀撒施氰氨化钙，再旋耕混匀起垄，覆膜后膜下灌水，密闭闷棚时间不少于20天，20厘米土层的温度不低于40℃，闷棚消毒后揭膜晾晒7～10天，使用微生物菌剂处理后种植。高温闷棚消毒土壤还可杀死土壤中的其他病菌及害虫。

生物防治。生物防治具有无毒、无公害、不易产生抗药性等优点，不仅符合人们对绿色食品的需求，且可以克服化学农药带来的弊病，为农业可持续发展提供保障。哈茨木霉对辣椒枯萎病有一定防效；荧光假单孢菌和枯草芽孢杆菌对辣椒枯萎病的防效为41%；链霉菌、绿脓杆菌、黏质沙雷菌和荚壳布克氏菌对尖孢镰刀菌均具有明显的抑制作用。

药剂防治。由于辣椒枯萎病菌可在土壤中长期存活，遇到适宜的温湿度及感病品种就会爆发。因此，需在病害发生早期进行防控。当田间有零星病株出现时应及时拔除，若受害面积较大，要及时采用药剂进行防治。发病初期用50%多菌灵可湿性粉剂500～1 000倍液，或14%络酸铜水剂500倍液灌根，或用1 000亿个/克枯草芽孢杆菌可湿性粉剂200～300克/亩，或2亿孢子/克木霉菌300～500倍液灌根，连续灌根2次以上，每次间隔7～10天；或在拔除病株的周围撒生石灰消毒土壤，然后在发病辣椒周围的其他辣椒灌根，防止病害进一步扩散。可用50%多菌灵可湿性粉剂400～700倍液、或95%噁霉灵可湿性粉剂4 000倍液，或50%甲基硫菌灵可湿性粉剂670倍液，隔7～10天灌1次根，连灌2～3次。

(6) 辣椒白粉病

①病原特征。辣椒白粉病原菌的无性世代为辣椒拟粉孢菌（*Oidiopsis taurica*），属半知菌亚门、粉孢属；有性世代为鞑靼内丝白粉菌（*Leveillula taurica*），属于子囊菌亚门内丝白粉菌属。

菌丝体内外兼生，大多为内生。分生孢子梗直立，由气孔伸出，大多数单生或2～3根丛生，无色，基部细长，顶端稍粗，大小为（112.0～240.0）微米×（3.2～6.4）微米。分生孢子无色，3～5个串生于分生孢子梗的顶端，呈藕节状，成熟时自孢子梗上脱落。分生孢子呈圆柱形或长椭圆形，顶端稍宽；大小为（44.8～72.0）微米×（9.6～17.6）微米，萌发时顶端突起呈烛焰状，逐渐生出芽管，进而发育成侵染丝。

②症状识别。辣椒白粉病一般情况下只危害叶片，但在严重发病时也危害嫩茎和果实。叶片发病通常先从底部叶片开始，最初在叶片正面产生小黄点，随后快速扩散为形状不规则的褪绿斑，边缘不清晰，叶背出现稀薄霉层，受叶脉限制形成许多三角形白斑。发病后期，白斑连成片，严重时整个叶片覆满白色粉状物，甚至叶片变黄脱落，从而影响辣椒的正常生产（彩图4-15）。

③发病规律。病菌随病叶在地表越冬。越冬后产生分生袍子，借气流传播。一般以生长中后期发病较多，露地多存8月中、下旬至9月上旬天气干旱时易流行。病菌可在温室内存活和越冬，病菌从孢子萌发到侵入约20个小时，故病害发展很快，往往在短期内大流行。

发病适宜温度为15～28℃，且温度越高，发病越重。25℃时病害发展速度明显加快。日均气温高于15℃时病害快速发展，日均气温低于13℃时病害发展较慢。一般温度在25～28℃、稍干燥条件下该病易流行。辣椒白粉病发病需要一定的空气湿度，且叶片上要有水滴存在，温室内湿度大，早晚结露多，结露时间长易发病。温室内湿度小，早晚结露较少且时间短，发病就相对较轻。

④防治措施。

种子处理。因地制宜选用抗病、耐病品种。

农业防治。选择地势较高、通风、排水良好的地块种植，合理密植和起垄单株定植。以腐熟有机肥作基肥，增施磷、钾肥，生长期避免氮肥过多，提高辣椒的抗病能力。使土壤长期保持一定的湿度，不能忽干忽湿。灌水最好在晴天上午进行，需小水勤灌，避免大水漫灌，灌水之后最好能有几个连续的晴天，条件许可使用膜下滴灌。果实采收后，及时清除田间遗留的病果及病残体，集中烧毁或深埋，并进行一次深耕，将表层带菌土壤翻至深层，促使病菌死亡，可减少初侵染源、控制病害的流行。

药剂防治。在容易发病的阶段及早进行温棚熏蒸消毒，可有效抑制病害的发生。选用硫黄粉0.25千克/公顷、锯末0.5千克/公顷，适量均匀混合，分几处点燃熏蒸，或使用45％百菌清烟剂3.75～6千克/公顷每隔7～10天熏1次，连续2～3次，熏蒸时要密闭温室1昼夜。发病初期，选用25％的咪鲜胺乳油50～62.5克/亩、10％苯醚甲环唑水分散粒剂50～83克/亩、0.5％小檗碱可溶液剂230～280毫升/亩、50％嘧菌酯水分散粒剂20～36克/亩、70％福·甲·硫黄可湿性粉剂50～90克/亩、43％氟菌·肟菌酯悬浮剂20～30毫升/亩、1.5％苦参·蛇床素水剂30～35毫升/亩、250克/升吡唑醚菌酯乳油30～40毫升/亩等药剂进行喷雾防治。轮换使用不同作用机制的药剂，防止产生抗药性，每隔7～10天喷雾防治1次，连续喷雾防治2～3次。

(7) 辣椒细菌性叶斑病

①病原特征。辣椒细菌性叶斑病病原菌为丁香假单胞杆菌适合致病型（*Pseudomonas syringae*），属细菌。温湿度适合时，病株大批出现并迅速蔓延，很难找到病株源，系非连续性为害。

②症状识别。辣椒细菌性叶斑病发病时主要危害叶片，叶片发病初期呈褪绿色水渍状小斑点，不规则形、叶片褪绿，而后发展为褐色至铁锈色，病部薄膜状（彩图4-16）。天气干燥时病斑呈铁锈色，病斑质脆，有的穿孔。遇雨或相对湿度较高时发病迅速，常见病株上个别叶片或多数叶片发病，植株仍可生长，严重的时候叶片大部脱落。细菌性叶斑病斑状况明显，但不隆起，区别于疮痂病。

③发病条件。发病适温为23～30℃，空气湿度在90％以上的高温多雨季节发病重。病菌一般借风雨或灌溉水传播，从叶片伤口处侵入，甜（辣）椒连作地、地势低洼、管理不善、肥料缺乏、偏施氮肥等地块发病严重。东北及华北地区通常6月始发，到7～8月高温多雨季节快速蔓延，9月后气温降低，病情扩展缓慢或停止。

④防治措施。

种子处理。播种前用清水浸种8～10小时，再用0.1％硫酸铜溶液浸5分钟，捞出种子后用清水洗净，然后播种。

农业防治。合理轮作，与非茄科蔬菜轮作2～3年；利用无病土壤育苗，防止病苗移栽；定植前深耕晒垡，深翻土地30厘米，晾晒地5天以上，采用高垄栽培，并覆盖地膜，严禁大水浇灌，雨后及时排水。

药剂防治。预防或发病初期，选用20％噻唑锌悬浮剂100～150毫升/亩、40％琥·铝·甲霜灵可湿性粉剂77～100克/亩、50％琥铜·甲霜灵可湿性粉剂150～200克/亩、50％琥铜·霜脲氰可湿性粉剂500～700倍液、50％琥胶肥酸铜可湿性粉剂500倍液、85％波尔·霜脲氰可湿性粉剂107～150克/亩等药剂进行喷雾防治，每隔7～10天防治1次、连续防治2～3次。

(8) 辣椒青枯病

青枯病又名细菌性枯萎病，是一种典型的细菌性土传病害。病菌侵入辣椒后进入维管束，通过增殖堵塞输导系统，使水分不能进入茎叶而引起青枯。病菌进入维管束后就很难清除，生产上防治青枯病，预防是关键。

①病原特征。辣椒青枯病病原菌为薄壁菌门劳尔氏属茄科劳尔氏菌（*Ralstonia solanacearum*），是一种假单胞杆菌，菌体短杆状，两端钝圆，大小为（0.9～2）微米×（0.5～0.8）微米，极生鞭毛1～4根，不产生荚膜，无芽孢，革兰氏染色反应阴性，好气性。该菌生长的温度范围为10～40℃，最

适温度 30～37℃，致死温度为 52～54℃，适宜生长的 pH 为 6～8，最适 pH 为 6.6。

②症状识别。青枯病是土壤传播的一类细菌性病害，病菌的主要侵入途径是通过辣椒根部的伤口进行侵染。多发生在6～9月盛夏季节，苗期植株外观正常，开花结果以后才开始表现出病症，发病比较急，蔓延快。发病初期顶部叶片表现萎垂，个别枝条的叶片萎蔫，很快发展到整株的叶片，3～4 天叶片可凋萎死亡（彩图 4-17）。开始发病时病株仅在中午萎蔫，傍晚时能恢复正常，若气温高于 30℃，2～3 天后病株萎蔫难以逆转、叶片色泽变淡、保持绿色尚未枯黄即行死亡，故称青枯病。后期叶片变褐焦枯，病茎外表症状不明显，剖开新鲜病茎后可见维管束变为褐色，且一直延伸到上面枝条（彩图 4-18）。横切面保湿后可见污白色黏液溢出，即菌脓，这是该病与真菌性枯萎病相区别的重要特征；用手拔起病株，需稍用力，可区别于根腐病。

③发病条件。青枯病菌主要随病残体在土中越冬。翌年春越冬病菌借助雨水、灌溉水传播，从伤口侵入，经过较长时间的潜伏和繁殖，至辣椒成株期遇高温高湿的天气时，病菌向上扩展，在维管束的导管内繁殖，堵塞导管或使细胞中毒，致使叶片萎蔫。病菌也可透过导管，进入邻近的薄壁细胞内，使茎上出现水浸状不规则病斑。青枯病菌可在 10～41℃生存，在 25～37℃生育最为旺盛，25℃时出现发病高峰。久雨或大雨后转晴，气温急剧升高，病情加重。

该病害多发于连作田和地下水位高、湿度大的冲积土田，可与同病株残体一同进入土壤，长期生存形成侵染源。土壤水分对病菌在土壤中的生存影响极大。在湿度大的冲积土中，病菌可生存长达 2～3 年，而在干燥的土壤中，病菌只能生存几天。青枯病菌在土壤中并非以休眠状态生存，而是在上述发病植株或某种杂草的根际进行繁殖。生存在土壤中的青枯病菌，主要是由农事过程中造成的辣椒伤口或者是由根瘤线虫、金龟幼虫等根部害虫造成的辣椒伤口侵染植株，在茎的导管部位和根部发病；有时也会由无伤口的带菌细根侵入植株内导致发病。在高温高湿、重茬连作、地洼土黏、田间积水、土壤偏酸、偏施氮肥等情况下，青枯病容易发生。

④防治措施。

种子处理。选用抗病品种是防治青枯病最为直接有效的措施。目前辣椒生产的主栽品种基本上不抗青枯病，常使辣椒减产 15%～30%，严重时全部失收。目前国内推介的几个辣椒品种中，粤椒 1 号（广东）、辣优 2 号（广东）、辣优 4 号（广东）、辣优 9 号（广东）、淮椒 3 号（安徽）、湘椒 27 号（湖南）、福康 2 号（广东）表现为较抗青枯病，湘研 1 号、湘研 2 号也认为较抗病。播种前进行种子消毒或进行种子包衣、拌种。

农业防治。一是有计划地轮作换茬，降低土壤含菌量减轻病害发生。二是改良土壤，及时消毒和更换育苗床土。三是可采用嫁接栽培方式加以防范，田间一旦发现病株，应立即消除并烧毁。四是优化栽培方式，采用高垄或半高垄的栽培方式，与田间沟系结合降低田间湿度，同时增施磷、钙、钾肥料，促进辣椒生长健壮，提高辣椒抗病能力。五是培育壮苗。采用营养钵、肥团、温床育苗，培育矮壮苗，以增强辣椒抗病、耐病能力。六是喷施微量元素肥。喷施微量元素肥可促进植株维管束生长发育，提高植株抗耐病能力。

药剂防治。预防或发病初期，使用 0.1 亿 CFU/克多粘类芽孢杆菌 300 倍液进行浸种或育种前苗床泼浇。定植缓苗后，选用 50％代森锌可湿性粉剂 1 000 倍液、50％琥胶肥酸铜可湿性粉剂 500 倍液等药剂灌根，每隔 10 天灌根 1 次，连续灌根 3 次。灌根区域：新棚区发现青枯病，重点对病株及附近的 4～6 行辣椒进行灌根；老棚区因重茬严重，病原菌多，可全部进行灌根。灌根药量以灌透为目的，具体根据植株大小、土壤干湿度而定。

（9）辣椒叶枯病

①病原特征。引起辣椒叶枯病的病原菌为半知菌亚门茄葡柄霉 (*Stemphylium solani*)。菌丝无色、具隔、分枝；分生孢子梗褐色，具隔，顶端稍膨大，单生或丛生，大小（130～220）微米×（5～7）微米；分生孢子着生于分生孢子梗顶端，褐色，壁砖状分隔，拟椭圆形，顶端无喙状细胞，中部横隔处稍缢缩，大小（45～52）微米×（19～23）微米，分生孢子萌发后可产生次生分生孢子。

②症状识别。辣椒叶枯病又称灰斑病，在辣椒苗期及成株期都可发生。该病主要为害叶片，发生严重时叶柄和茎也会受害。叶片受害，初期症状为散生的褐色小点，后迅速扩大为圆形或不规则形病斑，病斑具明显的暗褐色边缘，中央部分则为灰白色，且中央部分常坏死脱落穿孔，病叶易脱落（彩图 4-19）。病害一般由下部向上扩展，病斑越多，落叶越严重，严重时各病斑连成一片，造成整片叶卷曲焦枯脱落。

③发病条件。病菌随病残体在土壤中越冬，借助气流传播，6 月中下旬为发病高峰期，高温高湿，通风不良，偏施氮肥，田间积水，植株前期生长过旺易发病。

④防治措施。

种子处理。播种前进行种子处理，先将种子晒 1～2 天，然后用 55～60℃ 温水浸泡 15 分钟或用 50％多菌灵可湿性粉剂 500 倍液浸泡 20 分钟后冲洗干净催芽，也可用种子重量 0.3％的 50％多菌灵可湿性粉剂拌种。

农业防治。加强辣椒苗期管理，培育无病虫苗，是防治辣椒叶枯病的关键。合理轮作，辣椒不与瓜类、茄果类蔬菜连作，可与十字花科、豆科等蔬菜轮作，最好采用水旱轮作。辣椒栽培宜选择排灌良好的地块，并使用生石灰对土壤消毒和调节酸碱度，减少病害发生。栽培期间合理追施水肥或采用水肥一体化技术，满足辣椒对肥水的需求，使植株健壮生长，增强植株抵抗力。

药剂防治。预防或发病初期，选用 10％苯醚甲环唑水分散粒剂 50～83 克/亩、75％肟菌·戊唑醇水分散粒剂 10～20 克/亩、13.7％苦参·硫黄水剂 133～200 毫升/亩、50％氯溴异氰尿酸可溶粉剂 60～70 克/亩、8％井冈霉素水剂 400～500 毫升/亩、60％唑醚·代森联水分散粒剂 60～100 克/亩、25％咪鲜胺乳油 100～120 克/亩、12％苯甲·氟酰胺悬浮剂 40～67 毫升/亩、50％多菌灵可湿性粉剂 500 倍液等药剂进行喷雾防治，每 7 天防治 1 次，连续防治 2～3 次。

（10）辣椒根结线虫病

①病原特征。辣椒根结线虫病主要由南方根结线虫（*Meloidogyne incongnita*）侵染所致，这是一种寄生线虫。辣椒根结线虫主要危害辣椒根部，形成大小不等的瘤状根结、烂根等症状，造成地上辣椒生长衰弱，逐渐死亡。我国南方温湿环境有利于线虫为害。北方连茬、重茬地种植棚室辣椒，辣椒根结线虫发病更为严重，尤其是越冬栽培辣椒的产区，辣椒根结线虫病害发生普遍，已经严重影响了辣椒生产。

②症状识别。根结线虫危害辣椒根部，苗期、成株期均可发病，苗期发病地上部无明显症状，检视根部，可见幼苗须根或侧根上产生灰白色根结，有的病苗主根略显肿大。成株期病株根系不发达，主侧根局部膨大，形成大小不等的瘤状根结（彩图 4-20），造成地上植株生长衰弱，叶片发黄、脱落，追肥后不能恢复（与缺素症状区别），发病后期植株根系腐烂萎蔫枯死。

③发病条件。根结线虫以二龄幼虫和卵随病残体留在土壤中越冬，能在土壤中生活 1～3 年。主要分布于作物根系周围，1～25 厘米土层数量最多。根结线虫在热带地区全年可发生，最适温度为 25～30℃，含水量为 40％左右线虫发育迅速，高于 40℃低于 5℃都很少活动，达到 55℃持续 10 分钟后全部死亡。沙性土壤有利于发病。

④防治措施。

农业防治。采用无病土育苗，使用消毒处理的椰糠等营养基质，杜绝直接使用田间病土育苗。合理轮作，水田实行水稻-辣椒轮作，坡地选择与玉米轮作。收获后及时清除田间植株残体，翻土晾晒，利用太阳高温杀死土壤中线虫。保护地栽培辣椒，宜在夏日休闲季节进行高温闷棚消毒土壤，先均匀撒施氰氨化钙，再旋耕混匀起垄，覆膜后膜下灌水，密闭闷棚时间不少于 20 天，

20厘米土层的温度不低于40℃。闷棚消毒后揭膜晾晒7~10天，使用微生物菌剂处理后种植。

化学防治。辣椒移栽前，选用10亿孢子/克淡紫拟青霉颗粒剂1.5~2.5千克/亩、3%阿维·吡虫啉颗粒剂1.5~2千克/亩、10%噻唑膦颗粒剂1.5~2千克/亩、6%阿维·噻唑膦颗粒剂3~3.5千克/亩、2%阿维·异菌脲颗粒剂3.75~4.38千克/亩、0.5%阿维菌素颗粒剂3~3.5千克/亩、12%噻虫嗪·噻唑膦颗粒剂1.5~2千克/亩、5.2%二嗪·噻唑膦颗粒剂5~6千克/亩等药剂与细土拌匀，均匀撒施土表，再翻至15~20厘米土壤中将药剂和土壤充分混合，均匀撒施后起垄覆膜，当天或隔日移栽辣椒；或在辣椒生长期监测根结线虫发生情况，在根结线虫发生初期局部定点施药，选用1.8%的阿维菌素乳油800倍液，10亿CFU/毫升蜡质芽孢杆菌悬浮剂4~7升/亩、6%寡糖·噻唑膦水乳剂1 000~2 000毫升/亩等药剂进行灌根防治。

（11）辣椒绵腐病

①病原特征。辣椒绵腐病原菌为瓜果腐霉（*Pythium aphanidermatum*），属鞭毛菌亚门真菌，病菌以卵孢子在土壤中越冬，也可以菌丝体在土中腐生生活。

②症状识别。苗期，成株期均可发病。辣椒苗期发病，基部腐朽缢缩猝倒而死。成株期首要危害果实。果实发病，初期产生水渍状斑点，随病情发展迅速扩展成褐色水渍状大型病斑，重时病部可延及半个甚至整个果实，呈湿腐状，潮湿时病部长出白色絮状霉层。

③发病条件。辣椒绵腐病是一种真菌性病害。病菌以卵孢子在土壤表层越冬，病残体分解后卵孢子也可单独在土壤中存活。此病多发生在雨季，下雨多或积水处病重。病菌对椒苗进行初侵染，可引致猝倒病；再侵染由病部产生的孢子囊和游动孢子，借助雨水溅射至植株椒果上，引起绵腐病，并不断地重复侵染。病菌对温度适应范围较广，10~30℃均能生长发育和危害；相对湿度95%以上时，孢子囊萌发释放出游动孢子借助水分传播，病害容易发生。高湿度和水分是发病的决定因素，因此此病多发生在雨季阴雨连绵天气，雨后积水，湿气滞留，发病重。

④防治措施。

种子处理。选用抗病品种，播种前进行种子处理，如晾晒种、温汤浸种、种子包衣、拌种等。

农业防治。挑选地形高、排水良好的地块进行栽培，地形低平应高畦栽培，推荐采用地膜覆盖；合理密植，及时整枝打杈，保持田间通风透光；提前防止生理裂果和及时防治其他病虫害；辣椒果实成熟后及时采收，精心贮运；

合理施肥，少施氮肥，增施钾肥；注意雨后及时排水，保证雨后、灌水后地面无积水。

药剂防治。预防或发病初期，选用 25％甲霜灵可湿性粉剂 800 倍液、64％杀毒矾可湿性粉剂 500 倍液、40％乙磷铝可湿性粉剂 300 倍液、58％甲霜灵·锰锌可湿性粉剂 500 倍液、72.2％普力克水剂 600 倍液等药剂进行防治，每隔 7 天防治 1 次，连续防治 3 次。

（12）辣椒根腐病

①病原特征。辣椒根腐病病原菌为腐皮镰孢霉（*Fusarium solani*），属半知菌亚门真菌。显微镜下大型分生孢子中间隔膜清晰，一般为 2～6 个隔，形状呈镰刀状，两端稍钝，大小为（26.1～39.7）微米×（4.4～6.5）微米（平均 33.1 微米×5.4 微米）；小型分生孢子单孢，数量较多，形状呈卵圆形或肾形，大小为（6.4～16.2）微米×（3.5～6.0）微米（平均 11.32 微米×4.3 微米）。病原还能产生近圆形、淡褐色的厚壁孢子。

病菌喜温暖潮湿的环境。适宜发病的温度范围为 10～35℃；最适发病温度为 18～28℃，相对湿度在 90％以上；最适感病生育时期为始花至坐果期。发病潜育期 5～7 天。

此外，尖孢镰刀菌（*Fusarium oxysporum*）、串珠镰刀菌（*Fusarium moniliforme*）、轮枝镰孢菌（*Fusarium verticillioide*）等也可引起辣椒根腐病。

②症状识别。根腐病是辣椒常见的病害之一，主要危害辣椒茎基部及维管束。发病初期，植株叶片特别是顶部叶片出现白天凋萎、早晚恢复的现象；发病严重时，植株生长发育不良，株型矮小，根系腐烂，最后植株枯死但叶片仍呈绿色。病株的根茎部及根部皮层呈淡褐色至深褐色湿腐状（彩图 4-21），极易剥离露出暗色的木质部。横切茎观察，可见病株维管束变褐色，后期湿度大时病部长出白色至粉红色霉层。

③发病条件。病原以菌丝体和厚垣孢子在病残体或土壤中越冬，病菌在土壤中可以存活 10 年以上，种子也可带菌越冬。翌年病原菌萌发产生分生孢子，直接侵染植株根及根茎部，病部不断产生分生孢子进行再侵染。多发生在辣椒定植后至采收盛期，高湿条件下极易发生，早春和初夏阴雨连绵、高温高湿、昼暖夜凉的气候有利于发病，春季、梅雨季多雨发病严重；种植地低洼积水、田间郁闭高湿、植株茎节受蝼蛄危害伤口多、施用未充分腐熟土杂肥，会加重病情；凡土壤质地差、排灌不便，耕地粗放发病严重，连作地土壤病菌的积累量则逐年增加。

④防治措施。

种子处理。选择优质抗病品种，对种子进行浸种处理，适期播种。种子播种前用温汤浸种 15 分钟，水温 50～55℃，后用 10％磷酸三钠溶液或 0.2％高锰酸钾溶液浸泡 30 分钟，再用 30％甲霜·噁霉灵水剂浸种 10 分钟，洗净后播种。

农业防治。选择排灌良好的地块，与粮食类、非茄果类作物进行轮作，用生石灰对土壤消毒和调节酸碱度，减少病虫害的发生。高垄栽培并覆盖地膜，优先使用可降解地膜。育苗前对苗床消毒培育净苗，或采用工厂化育苗，确保定植的辣椒苗健壮，不在发病区购买辣椒种苗。栽培期间合理追施水肥或采用水肥一体化技术，勿大水漫灌，推荐采用滴灌。保持土壤半干半湿状态，及时增施磷钾肥使植株生长健壮，增强抗病能力；中后期追肥，采用配制好的复合肥母液随浇水时浇施，或顺垄撒施后浇水，注意不要造成辣椒根部受伤。如在田间发现中心病株，应立即拔除，带出田外集中烧掉，后用生石灰拌土掩埋。

药剂防治。预防苗期根腐病，可在辣椒播种时，每平方米用多·福可湿性粉剂 11～13 克拌 15～20 千克细土混匀，其中 1/3 的量撒于苗床底部，2/3 的量覆盖在种子上面，并浇透水；或辣椒定植时，选用 1.5％咯菌·嘧菌酯颗粒剂 1 000～2 000 克/亩、40％多·福可湿性粉剂 11～13 克/米² 等药剂均匀撒施于种植沟内，覆土后移栽，或使用噁霉灵可湿性粉剂 300 倍液浸根 10～15 分钟后移栽。定植缓苗后，预防或发病初期，选用 10 亿个/克枯草芽孢杆菌可湿性粉剂 200～300 克/亩、20％二氯异氰尿酸钠可溶粉剂 300～400 倍液、8％井冈霉素 A 水剂 400～500 毫升/亩、13％井冈霉素 A 水剂 0.8～1 毫升/米² 进行灌根防治，每隔 7～10 天防治 1 次，连续防治 2～3 次。

（13）辣椒白星病

①病原特征。辣椒白星病是辣椒上常见的病害之一，又称斑点病、白斑病。病原菌为真菌，中文名为辣椒叶点霉（*Phyllosticta capsici*），属半知菌亚门。分生孢子器近球形，直径 97～126 微米，黑褐色；器内孢子椭圆形至卵圆形，单胞，无色，透明，大小（4～7）微米×（2～3）微米。

②症状识别。辣椒整个生长期均可发病，受害严重时可造成大量叶片脱落导致减产。辣椒白星病主要危害叶片，苗期和成株期均可染病。叶片染病，从下部老熟叶片起发生，并向上部叶片发展，发病初期产生褪绿色小斑，扩大后成圆形或近圆形，边缘褐色，稍凸起，病、健部明显，中央白色或灰白色，散生黑色粒状小点，即病菌的分生孢子器（彩图 4-22）。田间湿度低时，病斑易破裂穿孔。发生严重时，常造成叶片干枯脱落，仅剩上部叶片。

③发病条件。病原菌以分生孢子器随病株残余组织遗留在田间或潜伏在种子上越冬。在环境条件适宜时，分生孢子器吸水后逸出分生孢子，通过雨水反

溅或气流传播至寄主植物上，从寄主叶片表皮直接侵入，引起初次侵染。病菌先侵染下部叶片，逐渐向上部叶片发展，出现病斑后，在受害的部位产生新生代分生孢子，借风雨传播进行多次再侵染，加重危害。

病菌喜高温高湿的环境，发病温度范围 8～32℃，最适发病温度为 22～28℃，相对湿度为 95％；最适发病生育期为苗期到结果中后期。发病潜育期 7～10 天。年度间早春多雨或梅雨期间或闷热多雨的年份发病重。田块连作地、地势低洼、排水不良的田块发病较重。栽培上种植过密、通风透光差、植株生长不健壮的田块发病重。

④防治措施。

种子处理。选择优质抗病品种，并对种子进行浸种处理，播种前用温汤浸种 15 分钟，水温 55～60℃，后用 10％磷酸三钠液浸 30 分钟，再用 5％丙烯酸·噁霉·甲霜水剂浸种 10 分钟，洗净后播种。

农业防治。合理轮作，提倡与非茄科蔬菜隔年轮作，以减少田间病菌来源；清洁田园，及时摘除病、老叶，收获后清除病残体，带出田外深埋或烧毁；深翻土壤，加速病残体的腐烂分解；加强管理，合理密植，深沟高畦栽培，雨后及时排水；科学施肥，基肥重施有机肥和菌肥，增施磷钾肥，少施氮肥，开花后及时追肥。

药剂防治。预防或发病初期，选用 25％代锰·戊唑醇可湿性粉剂 500～750 倍液、80％丙森·异菌脲可湿性粉剂使用 800～1 000 倍液、60％丙森·戊唑醇可湿性粉剂使用 900～1 500 倍液、45％苯醚·甲硫可湿性粉 600～800 倍液、55％苯甲·锰锌可湿性粉剂 1 200～1 800 倍液、50％苯甲·丙森锌可湿性粉剂 1 800～2 200 倍液等进行喷雾防治，每隔 7 天防治 1 次，连续防治 2～3 次。

（14）辣椒灰霉病

①病原特征。辣椒灰霉病的病原菌是灰葡萄孢（*Botrytis cinerea*），属真菌子囊菌门、锤舌菌纲、柔膜菌目、核盘菌科、孢盘菌属。分生孢子梗细长，大小为（9～16）微米×（6～10）微米，有分隔和分枝，灰色至灰褐色，根丛生，顶端有 1～2 层分枝，梗顶呈棒头状稍膨大，其上密生小柄并着生许多分生孢子，孢梗长短与着生部位有关。分生孢子单孢近无色或淡橄榄色，圆形至椭圆形或水滴形，大小为（6.25～13.75）微米×（6.25～10.0）微米。寄主上通常少见菌核，但当寄主老化或田间条件不宜时，则可产生黑色片状菌核。

病菌喜温暖高湿的环境。适宜发病的温度范围为 2～31℃；最适发病温度为 20～28℃，相对湿度为 90％以上；最适感病生育期为始花期至坐果期。发病潜育期 3～10 天。

②症状识别。辣椒灰霉病主要危害辣椒的叶片、花朵和果实，是辣椒种植过程中常见的病害之一。苗期危害叶、茎、顶芽，发病初期子叶变黄，后扩展到幼茎，缢缩变细，常自病部折倒而死。成株期感病，可危害叶、茎、花、果实。侵染叶片，若从边缘侵入，可形成 V 形病斑，从叶片内部侵入，则形成近圆形有明显轮纹的病斑，叶片病斑初为淡黄褐色，逐渐变褐，后期破裂、腐烂，长出灰色霉状物；茎部感病，开始为不规则水渍状病斑，颜色初为褐色后变灰白色，随着病斑扩大可发展至绕茎一周，病部以上枯死；花器官染病，花瓣开始为褐色小斑点，后变深褐色，花瓣萎蔫，脱落，花丝、柱头随之变褐色枯萎，病花上常密生灰色霉层；果实危害，在幼果顶部或蒂部初为水浸状花脸型褐色点状病斑，后病斑扩大并呈暗褐色，果实凹陷腐烂。表面产生不规则轮纹状灰色霉层。

③发病条件。灰霉菌具有繁殖快、适合度高、耐低温、抗药性的特点。一般以菌核的形式在土壤中越冬，也可以菌丝或分生孢子的形式在病残体上越冬，第二年在适宜的条件下萌发菌丝，产生大量的灰色分生孢子，通过空气、雨水传播或农事操作传播蔓延造成初次侵染，田间发病后通过潮湿的病部产生的大量分生孢子引起再次侵染。病菌生长的最适温度为 20～23℃，最高 31℃，最低 0℃也可生长；低温、高湿条件最易发病，阴雨天气，棚内相对湿度90％以上，尤其是在冬、春季节，保护地内高湿、低温、弱光的环境条件更有利于病原菌的生长，加上春季连阴雨天气多，若放风不及时，极易发病。此外，植株密度过大、光照不足、排水不良、偏施氮肥、重茬严重的地块，均易发病。

④防治措施。

种子处理。选用抗病品种，播种前进行种子处理，如晾晒种、温汤浸种等。

农业防治。加强大棚、温室通风。浇水最佳时间为晴天上午，并控制水量，不可过大。推荐采用滴灌技术，禁止大水漫灌。雨后及时排除积水，棚内合理通风排湿；保护地栽培，应深沟高畦，并覆盖地膜，以提高地温和降低湿度；清除菌源。及时摘除病果，带出大棚、温室外集中处理。采收结束后，彻底清理田园将植株进行集中烧毁、沤肥、深埋等处理。采用地膜覆盖栽培可减轻灰霉病的发生；植株长势弱时，需要喷施叶面肥强健植株，增强植株的抗病能力；合理密植，每亩栽培3 000～3 100 株，能适当抑制该病扩展。

药剂防治。预防或发病初期，选用 42.4％唑醚·氟酰胺悬浮剂 20～30 毫升/亩、2 亿个/克可湿性粉剂 200～300 克/亩、1％申嗪霉素悬浮剂 100～120 毫升/亩、42.4％唑醚·氟酰胺悬浮剂 20～30 毫升/亩、43％氟菌·肟菌酯悬浮剂30～45 毫升/亩、1 000 亿个/克枯草芽孢杆菌可湿性粉剂 40～60 克/亩、

50%异菌脲可湿性粉剂 50～100 克/亩、1.5%苦参·蛇床素水剂 40～50 毫升/亩、20%二氯异氰尿酸钠可溶粉剂 187.5～250 克/亩、50%克菌丹可湿性粉剂 400～600 倍液、50%咪鲜胺锰盐可湿性粉剂 30～40 克/亩、22.5%啶氧菌酯悬浮剂 26～36 毫升/亩、50%腐霉利可湿性粉剂 1 500 倍液等药剂进行防治，每隔 7 天防治 1 次，连续防治 2～3 次。保护地栽培，可在辣椒定植前，每亩先使用 45%百菌清烟剂 250 克进行防治后隔天移栽。

（15）辣椒菌核病

①病原特征。辣椒菌核病病原菌为核盘菌（*Sclerotinia scleroriorum*），属真菌子囊菌亚门柔膜菌目核盘菌属。菌丝体白色，棉絮状，粗细不一，直径 3～4 微米，透明，有横隔，内有浓密的颗粒状物。子囊盘杯状，浅肉色至褐色，1～4 个从菌核上生出，子囊盘直径 0.3～0.8 厘米，柄褐色细长，微弯曲，长 4 厘米左右，由盘基部向下渐细。子囊棍棒状，无色，（108～135）微米×（9～10）微米，内含 8 个子囊孢子，子囊孢子单行排列，椭圆形，无色，12 微米×4 微米；小型分生孢子单胞，无色，3～4 微米，密生于分生孢子梗上，形成 84 微米×77 微米的孢子块。侧丝细长，线形，夹生在子囊之间。

②症状识别。本病可危害辣椒整个生长期。苗期发病在茎基部呈水渍状病斑，以后病斑变浅褐色。湿度大时病部易腐烂，无臭味，上生白色菌丝，干燥后呈灰白色，茎部变细，病苗立枯而死。成株期发病主要发生在距地面 5～25 厘米处主茎或侧枝的分杈处，病斑环绕分杈处，病部初呈水渍状淡褐色斑，后变灰白色，从发病分杈处向上的叶片青萎，剥开分杈处，内部往往有鼠粪状的小菌核。果实染病，往往从脐部开始呈水渍状湿腐，果面先变褐色，逐步向果蒂扩展至整果腐烂，湿度大时果表长出白色菌丝团，后形成黑色不规则菌核，引起落果。

③发病条件。病菌主要以菌核在土中或混杂在种子中越冬和越夏。萌发时，产生子囊盘及子囊孢子。在华中地区，菌核萌发一年发生两次，第 1 次在 2～4 月，第 2 次在 11～12 月。萌发时，产生具有柄的子囊盘，子囊盘初为乳白色小芽，随后逐渐展开呈盘状，颜色由淡褐色变为暗褐色。子囊盘表面为子实层，由子囊和杂生其间的侧丝组成。每个子囊内含有 8 个子囊孢子。子囊孢子成熟后，从子囊顶端逸出，借气流传播，先侵染衰老叶片和残留在花器上或落在叶片上的花瓣后，再进一步侵染健壮的叶片和茎。病部产生白色菌丝体，通过进一步接触进行再侵染。发病后期在菌丝部位形成菌核。菌核无休眠期，但抗逆力很强，在温度 18～22℃，有光照及湿气大时菌核即萌发，产生菌丝体或子囊盘。菌核萌发时先产生小突起，约经 5 天伸出土面形成子囊盘，开盘经 4～7 天放射孢子，后凋萎。病菌菌丝生长发育和菌核形成温度为 0～30℃，

20℃最适宜。经48小时后，孢子萌发率可达90％以上。菌核病在温度20℃左右和相对湿度在85％以上的环境条件下，病害严重；反之，湿度在70％以下发病轻。早春和晚秋多雨，易引起病害流行。

④防治措施。

种子处理。使用52℃温水浸种20分钟，把种子附带的菌核烫死，并移入净水中冷却后播种。

农业防治。与粮食类、非茄科类蔬菜进行轮作换茬，定植前深翻土地30厘米，晾晒地5天以上；病害严重的土壤要进行消毒。采用覆盖地膜种植，控制棚内湿度；一旦发现病株及时铲除，严防蔓延；及时摘除病叶、病果、病枝等。

药剂防治。预防或发病初期，选用25％咪鲜胺乳油40～50克/亩、40％多菌灵可湿性粉剂170～250克/亩、40％菌核净可湿性粉剂100～150克/亩、200克/升氟唑菌酰羟胺悬浮剂50～65毫升/亩、33％多·酮可湿性粉剂100～130克/亩、36％甲基硫菌灵悬浮剂1 500倍液、50％甲基硫菌灵可湿性粉剂500倍液、70％甲基硫菌灵可湿性粉剂1 000～2 000倍液等药剂喷雾进行防治，每隔7～10天喷药防治1次，连续防治2～3次。

（16）辣椒病毒病

①病原特征。辣椒病毒病的毒源有10多种，我国发现7种，其中最主要的毒源是黄瓜花叶病毒（CMV）、烟草花叶病毒（TMV）、烟草蚀纹病毒（TEV）、马铃薯Y病毒（PVY）、马铃薯X病毒（PVX）、苜蓿花叶病毒（AMV）、蚕豆萎蔫病毒（BBWV）等。黄瓜花叶病毒是辣椒病毒病的主要毒源，占55％，可引起辣椒花叶、畸形、矮化等，有时产生叶片枯斑或茎部条斑；烟草花叶病毒占26％，主要危害辣椒生长前期，常引起急性型坏死枯斑或落叶，或叶脉、顶梢坏死。

②症状识别。辣椒病毒病发生后造成辣椒"三落"（落花、落叶、落果），田间症状十分复杂（彩图4-23、彩图4-24）。常见的发病症状有4种类型：

花叶型：典型症状是病叶、病果出现不规则退绿、浓绿与淡绿相间的斑驳，初期植株生长无明显畸形或矮化，不造成落叶；但严重时病部除斑驳外，病叶和病果皱缩畸形，或形成线形叶，植株生长缓慢或矮化，结小果，果难以转红或只局部转红、僵化。

黄化型：病叶变黄，严重时植株上部叶片全变黄色，形成上黄下绿，植株矮化并伴有明显的落叶现象。

坏死型：包括顶枯、斑驳坏死和条纹状坏死。顶枯指植株枝杈顶端幼嫩部分变褐坏死，而其余部分症状不明显；斑驳坏死可在叶片和果实上发生，病斑红褐色或深褐色，不规则形，有时穿孔或发展成黄褐色大斑，病斑周围有一深绿色的环，叶片迅速黄化脱落；条纹状坏死主要表现在枝条上，病斑红褐色，沿枝条上下扩展，得病部分落叶、落花、落果，严重时整株干枯（彩图 4-23）。

畸形型：植株变形，如叶片变成线状，或植株矮小、分枝极多，呈丛枝状。发病初期，植株心叶叶脉退绿，逐渐形成深浅不均的斑驳、叶面皱缩、病叶增厚，产生黄绿相间的斑驳或大型黄褐色坏死斑，叶缘向上卷曲。幼叶狭窄、严重时呈线状，后期植株上部节间短缩，幼叶呈丛簇状。发病重时，病果果面有绿色不均的花斑和疣状突起（彩图 4-24）。

③发病条件。辣椒病毒病主要由黄瓜花叶病毒和烟草花叶病毒引起。黄瓜花叶病毒的寄主很广泛，其中包括许多蔬菜作物，主要由蚜虫（桦赤蚜等）传播。烟草花叶病毒可在干燥的病株残枝内长期生存，也可由种子带毒，经由汁液接触传播侵染。通常高温干旱，蚜虫严重危害时，黄瓜花叶病毒危害也严重，多年连作、低洼地、缺肥或施用未腐熟的有机肥，均可加重烟草花叶病毒的危害。

辣椒病毒病的发生与环境条件关系密切。遇高温干旱天气，不仅可促进蚜虫传毒，还会降低辣椒的抗病能力，导致黄瓜花叶病毒危害重。田间农事操作粗放，病株、健株混合管理，烟草花叶病毒危害容易加重。阳光强烈，病毒病发生随之严重。大棚内光照比露地弱，蚜虫少于露地，病毒病较露地发生轻；撤除棚膜后，病毒病迅速发展。此外，春季露地辣椒定植晚，与茄科蔬菜作物连作，地势低洼及辣椒缺水、缺肥，植株生长不良时，病害容易流行。

④防治措施。

种子处理。通常可以通过晒种或干热处理、温水浸种和药剂处理的方式进行种子处理。晒种时可以把种子放在强光下暴晒 5 小时左右，或者把干种子在 70℃下干热处理 3 天，可使病毒失活。温水浸种是把种子放入约 50℃的温水中，浸泡 12 小时后播种。种子消毒可以用 10％磷酸三钠溶液或 0.1％高锰酸钾溶液浸泡 30 分钟，清水洗净后播种。如果将干热处理法与种子消毒法相结合，效果更好。

农业防治。加强水肥管理。选择肥力较好的沙壤土高垄覆膜栽培，定植时施足腐熟有机肥，适当增施磷钾肥，勿偏施氮肥；定植后注意水分调控，避免干旱缺水；生长中期注意通风，防止徒长，保花、保果；后期注意追肥防止早衰，促进后期大量结果；采收后彻底清理田园，尽可能减少毒源及传毒蚜虫。

药剂防治。预防或发病初期，选用 0.5％香菇多糖水剂 166～250 毫升/亩、4.4％几丁寡糖素可溶液剂 40～50 毫升/亩、5％氨基寡糖素可溶液剂40～

50 毫升/亩、13.7％苦参・硫黄水剂 133～200 毫升/亩、6％烯・羟・硫酸铜可湿性粉剂 20～40 克/亩、2.8％烷醇・硫酸铜悬浮剂 82.1～125 毫升/亩、24％混脂・硫酸铜水乳剂 78～117 毫升/亩、8％宁南霉素水剂 75～104 毫升/亩、20％吗胍・乙酸铜可湿性粉剂 120～150 克/亩、1.2％辛菌胺醋酸盐水剂 200～300 毫升/亩、2.8％烷醇・硫酸铜悬浮剂 82.1～125 毫升/亩、50％氯溴异氰尿酸可溶粉剂 60～70 克/亩、0.06％甾烯醇微乳剂 30～60 毫升/亩、20％盐酸吗啉胍悬浮剂 200 倍液喷雾进行防治，每隔 7 天防治 1 次，连续防治 2～3 次。防治病毒病的同时注意防治蚜虫、蓟马，定植后密切注意蚜虫、蓟马的发生情况，在防治病毒病的药剂中适当增加使用防治蚜虫、蓟马的药剂进行病虫兼治。

（17）辣椒叶霉病

①病原特征。辣椒叶霉病病原称褐孢霉（*Fulvia fulva*），属半知菌亚门真菌。分生孢子梗多数丛生，暗橄榄色，顶端淡色，上生 1～3 个孢子，再向上生长 30～60 微米，后再生 1 次孢子，生孢子处孢子梗膨大呈节状，大小（140～365）微米×（4～6）微米。分生孢子卵形至椭圆形或长椭圆形，无色或暗橄榄色，具有 0～3 个隔膜，单细胞的大小（5～11）微米×（3～5）微米，双细胞的（6～19）微米×（4～8）微米，3～4 个细胞的（11～22）微米×（5～7）微米，本菌有生理分化现象。

②症状识别。辣椒叶霉病主要危害叶片，发病初期叶片正面出现边缘不清晰的椭圆形或不规则形淡黄色病斑，叶片背面出现白色病斑，随后叶片背面的病斑上长出乳黄色或黑褐色的绒状霉层。湿度大时，叶片表面病斑也可长出霉层。随着病情的发展，叶片由植株下部向上部逐渐卷曲，整株叶片呈黄褐色干枯。发病严重时，病斑连片，叶片干枯卷曲，病株枯死。嫩茎和果柄上也可发病，花器发病易脱落。果实受害后，围绕果蒂出现圆形或不规则形黑褐色斑块，病部稍凹陷且硬化，或在果面上产生较大斑块，最后变成僵果造成大量落果。与霜霉病相比，叶霉病病叶无明显变脆增厚和上卷现象，后期叶片也很少脱落。叶霉病发病初期由下部叶片开始，而霜霉病多由中部叶片开始。

③发病条件。辣椒叶霉病病菌以菌丝体、分生孢子等随病残体在土壤中或地表越冬，也可以分生孢子附着在种子或以菌丝体在种皮内越冬，翌年环境条件适宜时病菌产生分生孢子，借助气流传播，从叶背的气孔侵入，也可从萼片、花梗等部分侵入，病菌进入子房，潜伏在辣椒种皮上。田间湿度大、栽植过密、植株生长郁闭或有白粉虱为害时易诱发此病。秋季昼暖夜凉露重和春暖雨绵绵季节病害蔓延较快，棚室内种植的甜、辣椒往往发病较重。辣椒叶霉病在 10～30℃ 条件下均可发生，20～25℃ 时最易发生。辣椒叶片表面有露水、

空气相对湿度在90％以上时该病害易发生与流行，空气相对湿度低于80％不利于病菌孢子形成和萌发。

④防治措施。

种子处理。用55℃温水浸种30分钟，将种子捞出放在冷水中冷却，再用高锰酸钾溶液浸30分钟，用清水漂洗干净后晾干催芽。

农业防治。选用抗病品种，如巨无霸、湘辣7号、金牛角、金塔、北京红、威狮1号等。与非茄科蔬菜进行轮作换茬，甜、辣椒叶霉病主要是病残体在土中或病菌孢子直接落入土中进行循环侵染，故应实行与其他非茄科作物轮作。整地时每亩均匀撒施生石灰150～200千克，并施用经充分腐熟的有机肥，避免"生肥发酵"产生"烧根"而造成伤口发病。合理密植，适时整枝打杈、绑蔓，及时摘除老叶、病叶，以利田间通风透光；合理调控温湿度，增加光照，避免形成高湿低温的环境条件，发病后适当控制浇水，苗期浇小水，定植时灌透水，开花前不浇水，开花时轻浇水，结果后重浇水，浇水后立即排湿，避免叶面结露或缩短结露时间，雨后及时排水，降低田间湿度。

药剂防治。预防或防病初期，选用50％多菌灵可湿性粉剂500～1 000倍液、70％甲基硫菌灵可湿性粉剂1 000倍液、75％百菌清可湿性粉剂600倍液、64％杀毒矾可湿性粉剂400～500倍液、65％甲霜灵可湿性粉剂1 000倍液、40％氟硅唑乳油9 000倍液等药剂进行喷雾防治，每隔7天防治1次，连续防治2～3次。

（18）辣椒疫霉病

①病原特征。辣椒疫霉病病原菌为辣椒疫霉（*Phytophthora capsici*），属鞭毛菌亚门真菌。菌丝形态简单，粗3～10微米。孢囊梗呈不规则分枝或伞形分枝，细长，粗1.5～3.5微米。孢子囊形态变化甚大，呈近球形、卵形、肾形、梨形到长卵形、椭圆形或不规则形，大小（40～80）微米×（29～52）微米，平均56.7微米×42.2微米；长宽比值为1.4～2.7，平均1.86；具明显乳突1～3个，乳突高2.7～5.4微米；孢子囊基部呈圆形或渐尖；孢子囊脱落后具长柄，柄长17～61微米；孢子囊成熟后直接萌发垣孢子，呈球形或不规则形，顶生或间生，直径18～28微米。藏卵器球形，直径22～32（平均26.1）微米，壁薄，一般厚0.5～2.0微米，平滑，柄多为棍棒状，少数为圆锥形。雄器呈球形或圆筒形，围生，无色，（10～20）微米×（9～14）微米，平均12.9微米×12.5微米。卵孢子球形，直径21～30（平均24.6）微米；壁薄，0.5～2.5微米，无色，平滑，不满器。

②症状识别。辣椒疫霉病在辣椒全生育期所有地上的绿色部分及根部均可受害。苗期发病，茎基部呈暗绿色水渍状软腐，即苗期猝倒病；有的茎基部呈

黑褐色，幼苗枯萎而死。木质化的幼茎根茎组织腐烂，茎叶急速萎蔫，幼苗折倒枯死。成株主茎基部及分枝受害初产生较少褐斑病，然后迅速向四周扩展，植株全茎后期病部呈褐色与健康组织界限明显。根部染病后须根减少，侧根为淡褐色或深褐色，后期腐烂。发病严重时，主茎或根部全株枯死，侧枝受害其上枝条枯死。叶片发病呈水渍状由边缘向内扩展，后为淡褐色；花器发病表现为变褐软腐、脱落；果实多从蒂部发病，初期呈水渍状病斑，潮湿时软腐，病健交界明显。如环境适宜迅速向外扩大，导致果实腐烂。

③发病条件。病菌主要以卵孢子、厚垣孢子在病残体或土壤及种子上越冬，其中土壤中病残体带菌率高，是主要侵染源。辣椒疫霉病的传播途径有多种，可分为远距离传播、中距离传播、近距离传播、零距离传播4种。远距离传播途径有：种子带病传播、鸟类（活动范围广的类群）传播、河流传播等。中距离传播途径有：风传（风力较大）、秧苗传播等。近距离传播途径有：鸟类（活动范围小的类群）传播、风传（风力较小）等零距离传播途径有：农事活动传播、菌体游动孢子的自身活动传播、水传（包括灌溉水、雨水、土壤水、露水等）等。在种植辣椒时应格外注意这些媒介，降低辣椒疫霉病的发生。高温、高湿、降雨日数多、雨量大，有利于病害发生。因此，辣椒疫霉病成为发病周期短、流行速度迅猛的毁灭性病害。

④防治措施。

种子处理。选用抗病品种，生产栽培中应选用抗性较强的辣型品种。播种前进行种子处理，如晾晒种、温汤浸种等。

农业防治。一是合理轮作。合理轮作是农业生产中不可忽视的耕作措施，合理的耕作制度与布局，对辣椒的生长非常有利。在病区要避免与茄科、葫芦科作物连作，最好以小麦等粮食类作物为前茬。二是及时清理田间。在辣椒全部收获后及时拔除植株并彻底清理病残组织，进行深翻晒地。三是高畦栽培或选择坡地种植，减少田间积水使土层通风透气，营造不利于该病的发展的环境。四是调控温度。辣椒定植前必须精细平整土地，施足腐熟有机肥和覆盖地膜栽培。五是科学管理。选用无病种子，在育苗时使用无菌土壤和充分腐熟有机肥料，移栽田块基肥要充足。开花后及时追肥，中耕除草松土，促进辣椒植株健壮，增强抗病能力。在高温雨季，注意雨后及时排水降湿，清除病株残果减少病源，均有降低发病、减少危害的作用。合理密植，保持田间通风透光性好，降低田间湿度。

药剂防治。预防或发病初期，一是做好土壤处理。应用穴施或撒播对土壤进行处理。每亩地使用70%敌克松500克或25%多菌灵1 500克加入适量干土或细沙混匀进行穴施，或每亩地使用70%敌克松1 000克或25%多菌灵

1 500克进行均匀撒播。二是喷雾或灌根防治。移栽后幼苗生长前期，在高温雨季来临之前，以预防为主，雨后晴天立即用药，效果显著；中后期发病及时防治为主，当田间出现中心病株时，采用喷洒或灌根的方法进行防治。灌根时药液主要喷洒在地面和植株基部。选用0.5%小檗碱可溶液剂230～280毫升/亩、42.4%唑醚·氟酰胺20～30毫升/亩、43%氟菌·肟菌酯悬浮剂20～30毫升/亩、250克/升嘧菌酯悬浮剂60～90毫升/亩、50%克菌丹可湿性粉剂125～187.5克/亩、12%苯甲·氟酰胺悬浮剂40～67毫升/亩等药剂进行防治，交替轮换使用。用药时须注意：喷雾或灌根一定要掌握好时机，最佳用药时间为发病前10～15天，每隔7～10天用药1次，连续防治2～3次。浇水前2～3天或雨后2～3天用药效果好。配制药液时，按农药标签控制好使用浓度。

（19）辣椒霜霉病

①病原特征。辣椒霜霉病病原菌为辣椒霜霉（*Peronospora capsici*），属鞭毛菌亚门真菌。孢囊梗从气孔伸出，单生或1～4枝丛生，无色，长211～516微米，主干占全长的1/3～2/3，直径6.3～9.4微米，基部常稍膨大，顶端叉状分枝4～8次，末枝常呈钝角稍弯曲，长3～25微米，直径1.5～3.1微米；孢子囊卵形至椭圆形或圆形至近球形，无色，大小（9.4～18.8）微米×（9.4～14.1）微米；卵孢子见于叶组织中，黄褐色，球形至近球形，大小28～53微米。

②症状识别。辣椒霜霉病是辣椒种植常见的一种病害，该病可危害辣椒的叶片、叶柄以及嫩茎，对辣椒的生长造成影响。叶片受害症状：叶片发病时呈现不规则病斑，叶背有稀疏的白色薄霉层，病叶较厚变脆，稍向上卷，后期病叶易脱落。叶柄、嫩茎受害症状：病斑呈褐色水渍状，病部也呈现白色稀疏的霉层。辣椒霜霉病田间症状与白粉病相似，必要时需用显微镜检测病原进行鉴别。

③发病条件。多雨季节，当气温在20～24℃时，相对湿度在85%以上时发病较重。阴雨天气多、灌水过多或排水不及时，田间发病均重。

④预防措施。

种子处理。选用抗耐病品种。辣椒种子用50℃温水浸种20分钟，捞出后冷浸3～4小时，再用70%甲基硫菌灵可湿性粉剂和50%福美双可湿性粉剂按照1:1进行混合后进行拌种，用药量为种子重量的0.3%，拌种处理后再催芽播种。

农业防治。上茬重发病地块，在收获之后、拔秧之前，每亩需用5%石灰水100千克均匀喷雾全部植株及地面，或者每亩使用熟石灰粉20千克进行喷粉处理。改善栽培方式，采用与禾本科作物轮作或水旱轮作方式，栽培与大葱或蒜等进行套作；增温降湿，设施栽培通过调控棚室内温湿度，缩短结露持续时间，可控制辣椒霜霉病发生，一般采用通风散湿提高棚内温度。当晴天上午温度升到28～30℃时进行放风，温度控制在22～25℃可降低湿度，当温度降至20℃时，要马上关闭通风口，保持夜温不低于15℃，可以大大减少结露量和结露持续时间，就可减轻辣椒霜霉病发病率。

药剂防治。预防或发病初期，选用687.5克/升氟菌·霜霉威悬浮剂60～75毫升/亩、47％烯酰·唑嘧菌悬浮剂60～80毫升/亩、80％代森锰锌可湿性粉剂170～250克/亩、440克/升精甲·百菌清悬浮剂90～150毫升/亩、1％申嗪霉素悬浮剂100～120毫升/亩、10％氟噻唑吡乙酮可分散油悬浮剂13～20毫升/亩、30％噁酮·霜脲氰水分散粒剂23～35克/亩、50％锰锌·氟吗啉可湿性粉剂67～120克/亩、560克/升嘧菌·百菌清悬浮剂60～120毫升/亩、40％百菌清悬浮剂120～140毫升/亩、1.5％苦参·蛇床素水剂40～50毫升/亩、47％烯酰·唑嘧菌悬浮剂40～60毫升/亩、80％波尔多液可湿性粉剂300～500倍液、68％精甲霜·锰锌水分散粒剂800～1 000倍液、60％唑醚·代森联水分散粒剂100～120克/亩、22.5％啶氧菌酯悬浮剂30～40毫升/亩、60％琥·铝·甲霜灵可湿性粉剂600～800倍液等药剂进行喷雾防治，每隔5～7天防治1次，连续防治2～3次。

（20）辣椒立枯病

①病原特征。辣椒立枯病病原菌为立枯丝核菌（*Rhizoctonia solani*），属半知菌亚门无孢目丝核菌属真菌，适温17～28℃，在12℃以下或30℃以上受限制。菌丝体早期无色，后期逐渐变淡褐色，最后形成菌核。菌丝呈锐角分枝，分枝处有明显缢缩，离分枝处不远有隔膜。菌核扁圆形、扁卵圆形或成不规则形，表面与内部均呈褐色，表面粗糙，不产生分生孢子。当湿度高时，接近地面的茎叶病组织表面形成一层薄的菌膜，初为灰白色，逐渐变为灰褐色，上面着生桶形、倒梨形或棍棒形的无色担子，上生4个小梗，每个小梗顶端产生一个单细胞、无色、倒卵形的担孢子。

②症状识别。幼苗刚出土或未出土前即可感病，但一般多发生于幼苗出土以后，且多发生于幼苗中后期。辣椒立枯病病菌主要危害秧苗的茎基部，立枯病发病初期，辣椒苗茎基部出现椭圆形的暗褐色病斑，有同心轮纹。发病初期，幼苗白天萎蔫，早晚回复正常。当立枯病继续发展，病斑逐渐凹陷扩大，绕茎一周，有的木质部暴露在外，造成病部收缩、干枯后秧苗死亡但不立即倒伏，仍然保持直立状态，故称之为"立枯病"，病部或临近土表菌丝体不明显，这是与猝倒病不同的特征。湿度大时，病部可见蛛网状淡褐色霉层，无明显

白霉。

③发病条件。辣椒立枯病原菌以菌丝和菌核在土壤中越冬。病菌腐生性强，病残体分解后病菌也可在土壤中腐生存活 2～3 年。菌丝能直接侵入寄主，通过雨水、灌溉水、粪肥、农具进行传播、蔓延。病菌对温度要求不高，病菌的适宜生长温度为 24℃左右，可耐高温 40～42℃，耐低温 13～15℃，在 12℃以下或 30℃以上病菌生长受到抑制。高温高湿利于病菌生长，忽高忽低的温湿度会加重病情。当幼苗生长过密、间苗不及时、老化衰弱、温度偏高、通风透光条件差时，易引发此病。

④防治措施。

种子处理。可用 95％噁霉灵 3 000 倍液或 15％的噁霉灵水剂 600 倍液，浸种 4～6 小时，晾干后直接播种。

农业防治。加强苗床管理，采用无病土或基质育苗，播种前苗床要充分翻晒，旧苗床应进行苗床土壤消毒处理。使用苗床育苗时，每立方米使用 50％的多菌灵可湿性粉剂 8～10 克与少量细土混合均匀，取 1/3 药土做垫底层，播种后将其余药土做覆土层。为避免药害，土壤保持湿润便可；使用穴盘或营养钵育苗时，每立方米营养土加入 30％噁霉灵水剂 150 毫升，充分拌匀后装入穴盘或营养钵进行育苗。田间管理注意施足腐熟有机肥做基肥，增施磷钾肥，防止土壤忽干忽湿，减少伤根。注意合理放风，防止苗床或育苗盘湿度过高。苗期喷施叶面肥，补充微量元素增强辣椒的抗病能力。

药剂防治。播种前，使用 30％多·福可湿性粉剂每平方米的用药量 15～20 千克与细土混匀，其中 1/3 的药土撒于苗床底部，播种后 2/3 的药土覆盖在种子上面；或用丙环·嘧菌酯颗粒剂 600～1 000 克/米^3，播种前混拌基质。播种后，选用 15％噁霉灵水剂 5～7 克/米^2、30％噁霉灵 2.5～3.5 克/米^2、13％井冈霉素水剂 0.8～1 毫升/米^2、2.4％井冈霉素 4～6 毫升/米^2 兑水后泼浇苗床进行土壤处理，施药时注意药液均匀泼浇，以浇透为宜。定植后，预防或发病初期，选用 50％异菌脲可湿性粉剂 2～4 克/米^2、4％井冈霉素 3～4 毫升/米^2、75％百菌清可湿性粉剂 600 倍液、70％代森锌可湿性粉剂 500 倍液、40％乙磷铝可湿性粉剂 200 倍液等药剂进行喷雾防治，每 7～10 天防治 1 次，连续防治 2～3 次。

(21) 辣椒猝倒病

①病原特征。病原菌为瓜果腐霉菌（*Pythium aphanidermatum*），属鞭毛菌亚门真菌。其菌丝体发达呈白色棉絮状，直径 42～98 微米；孢子囊丝状，不规则膨大，孢子囊萌发可产生泄管，泄管顶端着生一孢囊，孢子囊破裂释放出游动孢子；藏卵器平滑，顶生或间生，雌雄异丝，通常一个藏卵器只与一个

雄器相结合。壁平滑，不满器。

病菌喜低温、高湿的环境。适宜发病的温度范围为 $1\sim15℃$；最适发病环境，日均温度为 $2\sim8℃$，相对湿度 $85\%\sim100\%$；最适感病生育期在发芽至幼苗期。发病潜育期 $2\sim3$ 天。

②症状识别。从辣椒种子发芽到幼苗出土前染病，幼苗出土后，幼茎基部产生水渍状暗斑，自下而上扩展，病部组织腐烂干枯而凹陷，逐渐湿软缢缩成线状，致使幼苗倒伏时并仍保持绿色，因此称为猝倒病。苗床湿度高时，病苗或临近土表长出一层白色棉絮状菌丝体。发病初期，只有少数幼苗发病，几天后逐渐向外延扩展，最后幼苗成片倒伏而死。

③发病条件。病菌在病株残体上及土壤和未腐熟的农家肥中越冬，腐生性很强可在土壤中长期存活，条件适宜萌发侵染辣椒苗引起猝倒。通常病菌靠灌水或雨水冲溅传播，也可随种子带菌传播。病菌生长最适宜的土壤温度是 $15\sim16℃$，$30℃$ 以上时生长受到抑制。年度间早春温度偏低、多阴雨、光照偏少的年份发病重；苗床间排水不良、通风不良，光照不足，湿度偏大，分苗间苗不及时易发病重；苗床土壤中含有机质多、且施用了未腐熟的粪肥等不利于幼苗根系的生长和发育，也易诱导辣椒猝倒病发生。育苗期应严格控水，浇水时要小水勤浇。

④防治措施

种子处理。选用适应性广、抗逆（病）性强、优质、丰产品种，如陇椒 5 号等。播种前，使用 26.1% 霜霉·噁霉灵可溶液剂 $300\sim500$ 倍液浸种 72 小时，取出用清水冲洗后正常播种。

农业防治。选择背风向阳、地势高燥、排水良好的地块育苗；育苗采用营养钵、营养盘、无土基质育苗，肥料充分发酵腐熟，冬春季节可采用电热丝等提高日光温室育苗时的温度；选择晴天播种，苗床土壤温度要求保持在 16℃ 以上；子叶期要及时分苗，保护地栽培要适当通风放风，控制幼苗徒长。在晴天喷洒灌水，切忌大水漫灌、阴天灌水、下午灌水。

药剂防治：使用 2 亿孢子/克木霉菌可湿性粉剂 $4\sim6$ 克/米^2 对苗床进行喷淋防治，在辣椒播种后出苗前开始施药，共施药 2 次，间隔 $3\sim5$ 天，每次用水量为 2 升/米^2；定植后，预防或发病初期，使用 0.3% 精甲·噁霉灵可溶粉剂 $7\sim9$ 克/米^2 随浇水冲施，每间隔 $7\sim10$ 天施用 1 次，共施用 2 次。

(22) 辣椒白斑病

①病原特征。辣椒白斑病为真菌性病害，病原菌为番茄匍柄霉菌（*Stemphylium lycopersici*）。

②症状识别。辣椒白斑病能够在辣椒的整个生长发育阶段发生流行主要危

害，辣椒叶片感病后发展迅速，感病严重的植株逐渐死亡，直接影响产量。辣椒白斑病发病初期会在叶片表面形成1～2毫米的褐色小斑点，随后斑点的边缘呈现棕褐色，中间呈现灰白色向内凹陷（彩图4-25），尤其是在嫩叶上很容易发生流行，随后病斑开始逐渐蔓延，逐渐形成轮纹状的病斑，田间湿度相对较大，几个病斑相互融合形成一个大的不规则的病斑，造成整个叶子黄化脱落。当茎部受到病原侵染之后，会形成5～10毫米长的病斑，花瓣和果实一般不会发病。辣椒白斑病发病流行初期症状与白粉病霜霉病十分相似，很容易出现混淆从而错过最佳的防控时机，因此需要做好上述几种疾病症状的有效鉴别。辣椒白斑病在出现临床症状之后，开始在叶片的正面出现褪绿色的小斑点，背面会产生很多白色的霉菌层，并且随着病情的进一步发展形成褐色病斑，病斑的边缘呈现棕褐色，中央呈现灰白色略向内凹陷。辣椒白粉病可以危害老熟或者幼嫩的叶片，病斑呈现黄绿色，呈现不规则的病斑，病斑周围不会存在清晰的斑块，不会形成白色的霉菌层，一般会在病斑的背面形成一个白色的粉菌层，它是病菌的分生孢子梗和分生孢子，早期叶片就会脱落。辣椒霜霉病发生流行之后，叶片侵染病斑呈现浅绿色，病斑呈现不规则状，叶片变脆质地变薄，稍向上卷曲，后期叶片很容易脱落。当出现上述症状之后应该及时采取措施进行处置，有必要时可以采取限时诊断方法，明确具体的致病原。

③发病条件。该种病菌能够在土壤或者植株病残体或者种子上越冬，第2年温度适宜之后，会分生出大量的分生孢子，产生初期染源。辣椒在生长发育阶段，患病部位所产生的真菌能够通过风雨传播形成再次侵染源。温暖潮湿阴雨天气，结露持续时间相对较长的种植地，白斑病的发生流行概率较高，发病较为严重。一般土壤肥力不足，植株生长较弱会使得田间的发病症状逐渐加重，危及辣椒生长。

④防治措施。

农业防治。选用抗病品种；避免连续多年在同一个地块种植同一个品种的辣椒，避免连续多年在同一个地块种植茄科类的作物，应该与玉米、油菜等禾本科作物和十字花科类作物；增施有机肥及磷和钾肥；收获后及时清理病残体，集中烧毁。

药剂防治。发病初期喷药，常用农药有70%乙铝·锰锌可湿性粉剂130～400克/亩，或75%百菌清可湿性粉剂600倍液，每隔10天左右喷1次，连续防治2～3次。

（23）辣椒褐腐病

①病原特征。辣椒褐腐病病原菌为茄笋霉（*Choanephora mandshurica*），属接合菌亚门真菌。形态：大小孢子囊都产生，多生在同一菌丝上，大孢子囊

生在直立不分枝的孢囊梗顶端；分生孢子梗直立；主轴顶端呈双叉状分枝，孢子囊直径 30～60 微米，孢囊孢子两端各具一束纤毛。这种病原可以侵染茄果类、瓜类、豆类等蔬菜。

②症状识别。辣椒褐腐病主要危害花器和果实。花器官染病后变褐腐烂，脱落或掉在枝上。果实染病，变褐软腐，果梗呈灰白色或褐色，病组织逐渐失水干枯，湿度大时病部密生白色至灰白色茸毛状物，顶生黑色大头针状球状体，即病菌孢囊梗和孢子囊。高温高湿条件下病情扩展迅速，干燥时半个果实变褐，失去食用价值（彩图 4-26）。

③发病条件。病菌主要以菌丝体随病残体或产生接合孢子留在土壤中越冬，翌春侵染辣椒的花和幼花，发病后病部长出大量孢子，借风雨或昆虫传播。该菌腐生性强，只能从伤口侵入衰弱的花和果实。温室栽培的辣椒，遇有高湿条件，日照不足、雨后积水、伤口多时，易发病。

④防治措施。

种子消毒。采用 10％磷酸三钠浸种 10 分钟，取出种子后用清水漂洗几次，最后催芽播种。

农业防治。选择地势高燥的地块种植，施用充分腐熟的有机肥。深翻地，起高垄，注意雨后及时排水，严禁大水漫灌。生长季节，要及时摘除残花病果。

化学防治：发病初期，可用 42.4％唑醚·氟酰胺悬浮剂 20～30 毫升/亩，43％氟菌·肟菌酯悬浮剂 20～30 毫升/亩，50％咪鲜胺锰盐可湿性粉剂 37～74 克/亩，75％百菌清可湿性粉剂 600 倍液、或 45％唑醚·啶酰菌悬浮剂 30～40 毫升/亩、或 35％氟菌·戊唑醇悬浮剂 30～40 毫升/亩进行防治。

六、药害与补救

由于农药的大量使用，在叶面喷雾农药的时候，如果不注意避开敏感药剂、随意加大用药量或者高温期间用药，都有可能造成药害。掌握农作物药害症状表现及鉴定措施，及时开展补救措施，能够有效降低损失。

1. 农药药害症状表现

（1）斑点

斑点药害主要发生在叶片上，有时也在茎秆或果实表皮上。常见的有褐斑、黄斑、枯斑、网斑等。药斑与生理性病害的斑点不同，药斑在植株上分布没有规律性，整个地块发生有轻有重。病斑通常发生普遍，植株出现症状的部位较一致。药斑与真菌性病害的斑点也不一样，药斑的大小和形状变化大，而病斑的发病中心和斑点形状比较一致。

（2）黄化

黄化可发生在植株茎叶部位，以叶片黄化发生较多。引起黄化的主要原因是农药阻碍了叶绿素的正常光合作用。轻度发生表现为叶片发黄，重度发生表现为全株发黄。叶片黄化又有心叶发黄和基叶发黄之分。药害引起的黄化与营养元素缺乏引起的黄化有所区别，前者常常由黄叶变成枯叶，晴天多时黄化产生快，阴雨天多时黄化产生慢。后者常与土壤肥力有关，全地块黄苗黄叶表现一致。与病毒引起的黄化相比，后者黄叶常有碎绿状表现，且病株表现系统性症状，在田间病株与健株混生。

（3）畸形

由药害引起的畸形可发生于作物茎叶和根部，常见的有卷叶、丛生、肿根、畸形穗、畸形果等。药害畸形与病毒病害畸形不同，前者发生普遍，植株上表现局部症状，后者往往零星发生，表现系统性症状，常在叶片混有碎绿明脉、皱叶等症状。

（4）枯萎

药害枯萎往往表现为整株枯萎，大多由除草剂引起。药害引起的枯萎与植株染病后引起的枯萎症状不同，前者没有发病中心，且大多发生过程较迟缓，先黄化后死苗，根茎输导组织无褐变；而后者多是根茎输导组织堵塞，当阳光照射，蒸发量大时，先萎蔫，后失绿死苗，根基导管常有褐变。

（5）生长停滞

这类药害表现为抑制了辣椒的正常生长，使植株生长缓慢，除草剂药害一般均有此现象，只是多少不同而已。药害引起的缓慢生长与生理病害的发僵和缺素症比较，前者往往伴有药害症状，而后者中毒发僵表现为根系生长差，缺素症发僵则表现为叶色发黄或暗绿。

（6）脱落

注意药害引起的落叶、落花、落果与气候或栽培因素引起的落叶、落花、落果不同，前者常伴有药害症状，如产生黄化、枯焦后再落叶；而后者常与灾害性天气有关，在大风、暴雨、高温时常会出现。

2. 农药药害鉴定

（1）残留型药害

这种药害的特点是上茬作物施药后不发生药害，而残留在土壤中的药剂，对下茬作物产生药害。这种药害较难诊断，容易和肥害等混淆。可通过了解前茬作物的栽培管理及农药使用情况，土壤测试等措施进行诊断，防止误诊。

（2）慢性型药害

这种药害施药后症状不立即表现出来，具有一定的潜伏性，使辣椒生长受阻，果实风味变差等。这种药害往往很难诊断，易和其他生理性病害相混淆。诊断时，可采用了解病虫害的发生情况，施药种类、数量、面积和植株对照的方法诊断。

（3）急性型药害

这种药害具有发生快、症状明显的特点，一般在施药后几小时到几天内就可出现症状，通常表现为辣椒很多叶片出现斑点、穿孔、焦灼、卷曲、畸形、枯萎、黄化、失绿或白化等。根部受害表现为根部短粗肥大，根毛稀少，根皮变黄或变厚、发脆、腐烂等。种子受害表现为不能发芽或发芽缓慢等。

3. 农药药害补救措施

（1）排灌补救

对一些除草剂引起的药害，适当排灌也可减轻药害程度。

（2）追肥补救

当辣椒发生药害后，应及时浇水并追施尿素等速效肥料。可以叶面喷施1％～2％尿素或0.3％磷酸二氢钾溶液，促使植株生长，以提高抗药害能力。

（3）喷水淋洗

若是由叶面和植株喷洒某种农药后而发生的药害，而且发现早，可迅速用大量清水喷洒受药害的辣椒叶面，反复喷洒清水2～3次，尽量把植株表面上的药物洗刷掉，由于多数农药易在碱性条件下减效，可在清水中加0.2％小苏打溶液或0.5％石灰水。同时，增施磷钾肥，促进根系发育，以增强辣椒恢复能力。

（4）生长调控

对于抑制或干扰植物赤霉素的除草剂、植物生长调节剂，如2，4-滴丁酯、二甲四氯、乙烯利等药剂，可喷施赤霉素缓解药害程度；如果喷施硫酸铜过量，可以喷施0.5％生石灰水进行缓解；喷施三唑类药剂产生药害，或喷激素类药物中毒后，可以使用细胞分裂素或赤霉酸缓解，一般以1毫升赤霉酸＋1毫升细胞分裂素兑15升水进行喷施缓解，或喷施芸苔素内酯600倍液，防治效果明显。

七、施药防护

1. 前期准备

①喷洒农药前，要选好喷施农药的时间，尽量选择在早晨和傍晚，不要在中午高温时段。②调整好喷雾器等工具，调配好药剂浓度和用量。配药、拌种时要戴橡胶手套、防毒口罩和护目镜等。③喷雾器漏药故障时不要徒手修理，更不要用嘴吹堵在喷头里的杂物，以免造成农药污染皮肤或经口腔进入人

体内。

2. 施药环节

①喷洒农药时，要穿长袖衣裤、戴口罩，不吸烟、不吃食物、不用手抹汗。不要穿化纤衣服喷药，因为化纤衣服渗透性强，吸水性差，抗污能力差，容易发生感染性中毒。②喷洒农药时要站在上风口喷洒，不能"顶风而上"，防止风将药液刮到身上。③施药方法不正确，如人向前行左右喷药，打湿衣裤；几架药械同时喷药，未按梯形前进和下风侧先行，引起相互影响造成污染。

3. 后续处理

①不要连续施药时间过长，施药后不久不要在田内劳动。②喷洒农药后，要及时换洗衣服，洗脸洗手后才能进食，但要注意喷施敌百虫后忌用肥皂水洗脸洗手，要用清水洗脸洗手。③喷药结束后，要及时将喷雾器清洁干净，连同剩余药剂一起交回仓库保管，不得带回家去。清洗药械的污水应选择安全地点妥善处理，不准随地泼洒，防止污染饮用水源和养鱼塘。盛过农药的包装物品，不准再用于盛装粮食、油、酒水等食品和饲料。装过农药的空箱、瓶、袋等要集中处理。浸种用过的水缸要洗净集中保管。④喷洒农药后田头要插标记，并做好用药档案记录。

八、建立农药使用档案

农药使用记录是农业生产过程的重要档案，也是农产品质量安全追溯的依据，每块基地都应编制农药使用记录档案。对辣椒的生产过程中使用的农药进行详细记录：农药来源、农药名称、有效成分、登记证号、规格、采购数量、使用地点、防治对象、施用浓度、施用方法、施药时间、用药次数、安全间隔期、操作员和技术负责人等。记录档案保存2年以上。质量监督管理部门应不定期对用药档案进行抽查，重点监控是否使用了禁限用农药，是否有超剂量、超次数用药，是否符合安全间隔期的要求等情况，以保证辣椒的食品安全。

第五章
辣椒的采收

辣椒采收合理与否，直接影响其产量高低。怎样确定辣椒采收适期，可根据栽培目的而定。

一、确定采收期

辣椒的果实成熟度分为技术成熟度和生理成熟度。技术成熟度是指果实的体积已经达到最大限度，果皮增厚，重量达到最大限度，维生素含量最高，风味最佳，习惯称为青椒。生理成熟度是指果实已经老熟，种子充分发育，但仍有食用价值。过分老熟后果皮变软，干燥后成为干椒。

研究表明，辣椒素含量的多少也是辣椒成熟期的主要指标。辣椒果实中的辣椒素类物质能引起辛辣味，主要有辣椒素、二氢辣椒素、降二氢辣椒素、高二氢辣椒素以及高辣椒素等；其中辣椒素和二氢辣椒素占辣椒素类物质总量的90%左右，也提供了90%以上的辣感和热感，是评价辣椒品质的重要指标之一。辣椒素类化合物在辣椒采收期内不断变化。辣椒素在果实发育早期开始积累，随后一直增加，直到果实完全成熟时达到最高，这时果实辣感最强，此时采收能获得成熟度合适、干物质相对含量和维生素 C 质量分数较高的果实，之后可能受过氧化物酶的降解作用略有降低。但不同辣椒品种在采收期内辣椒素类物质变化差异较大，采收时需要根据不同品种生长特性，同时结合市场需求和运输储存要求制定不同采收计划。

二、采摘方法

1. 鲜果采摘

辣椒可连续结果多次采收，青果、老果均能食用，故在实践中采收时间不严格。作为鲜食的辣椒，大都采用青果，一般在花凋谢 20～25 天后，皮色变成浓绿、果皮坚实时可采收青果。气温越高，果实成熟越快，要相应提早采收，以提高产量。否则，会影响植株上部结果和后期产量。正常情况下，辣椒采摘越早，消耗的养分越少，结果、采果批数便越多，总产越高。但也不能过早，过早采摘，一是辣椒没长足，单个小；二是肉质薄，带苦味，品质差。一般第一层、第二层果宜早采收，以免坠秧，影响上层果实的发育和产量。其他各层果宜充分"转色"后再采收，即果皮由皱转平、色泽由浅转深并光滑发亮时采收。采收盛期一般每隔 3～5 天采收 1 次。采收用具最好选择锋利的剪刀或刀片，将果柄剪（割）断即可。摘下的青椒轻轻放入布袋或垫纸的筐中。已显红色的果实，采收后衰老较快，只能作短期贮藏。长期贮藏应选择果实已充分膨大、坚硬，果面有光泽的绿熟果。由于青椒不耐霜冻，采收必须在初霜降临前几天进行，受霜冻的果实不能作贮藏用。采前 3～5 天要停止灌水，以保证果实质量。采收鲜果还要注意以下几点：

①及时采收。采收过早，果皮薄，重量轻，风味品质不佳，还容易萎蔫；采收过晚，由于种子发育消耗养分多，容易坠秧，影响上部果实发育。

②结合植株长势。辣椒的采收还应观察植株长势，长势较弱的植株尽量提早采收，促进植株生长；长势较强的植株，适当延迟采收，可抑制徒长。

③辣椒采收应在早晨温度低时进行，采收后立即装筐，由于温度较低，呼吸作用弱，运销过程中可保持鲜嫩。

④门椒需要早采收，上部辣椒应达到最大限度时再采收。

⑤辣椒枝条较脆，极容易折断，采收时应特别注意，防止折断枝条。

2. 干辣椒采摘

作为调味用的干辣椒，原则上必须采摘红熟的果实。采摘干辣椒，还有几点技巧：

①急摘湿椒不可取。辣椒整秧收获后，有些椒农急于辣椒出手卖高价，而不顾椒果含水量的高低，盲目摘湿椒，再行晒干，以为这样脱水快。结果是事与愿违，不但椒果干得慢，而且椒蒂脱离植株形成的创伤面遭受真菌和细菌的侵染，极易发生霉变。为什么整秧晾晒比单晒椒果脱水快呢？这是因为椒果在秧上时水分可以通过输导组织向整个植株散发，而摘下的湿椒好似一个密封的容器，其表面的角质膜阻止了水分的散发，所以要在整秧晾晒达到标准后再摘椒。

②"手摇籽响"正当时。湿辣椒收获后，此时的辣椒含水量 50%～70%，当整秧晾晒辣椒含水量降低到 18%～20% 时，是恰当的摘椒时机。用椒农的话叫作"手摇籽响"时，即用手摇晃辣椒秧能听到辣椒籽撞击辣椒壁的声音，当辣椒有 85% 以上达到"手摇籽响"时，即可摘椒。

③"人工回潮"好干活。人工回潮是指在辣椒秧（主要是椒果与秧的接触部位）上喷雾。高质量的辣椒干握在手里感觉微有弹性，又不破碎。实际操作

中总有椒果过于干燥易破碎不好摘椒的情况。椒农的做法是在摘椒前 5～12 小时用喷雾器喷水，水温 25～35℃。这样做的好处是：洁净椒面，清除灰尘和泥巴；降低辣味对人的刺激；好干活，椒果破损少。

④巧用劲，保"封堵"。封堵即椒蒂部位的黄色果肉，它是一个椒果"王国"的门户，是其安全的守护"神"。摘椒的方式不对，极易破损封堵，造成椒果的不完整，使病菌的危害有可乘之机。所以摘椒时，既不要"掐"，也不要"揪"，而要巧用"掰"劲。

⑤"阴干"不要"晒干"。摘下经过人工回潮的椒干，要进行第二次脱水干燥的过程，这一工作要在遮阴的条件下进行才好，比如在通风的荫棚下或通风条件好的室内，不要在阳光下直晒。多年的生产实践发现经晒干的辣椒，本应鲜红的色泽变得暗淡，红中发白，使辣椒外观商品形状变差。原因是辣椒中所含的红色物质——辣椒红素，在阳光照射下逐渐发生光解反应。经过一阶段的阴干，水分含量达到 14％左右标准后，经过挑选分级，辣椒即可出售或存放待价而沽。实际操作中把椒干对折一下，然后再打开，在对折线上有一条明显的白印，但对折处没有裂痕，此时辣椒的水分含量就是 14％左右。特别应指出的是，在整秧晾晒、摘椒和分级挑选过程中也要尽量避开阳光的直晒，长期存放时蔽光最好。

此外，留作种用的辣椒，应选择生长健壮，无病虫危害，品性优良，结果数量多且整齐的植株留种，并做好标记，待果实充分成熟后采摘。

三、延长采收期方法

1. 摘叶

辣椒的植株生长比较旺，在花果期内，叶片旺盛、数量多，光合作用强，能够为植株提供更多养分，有利于开花、挂果，而老叶、病叶留在植株上，会消耗一定的养分，尤其是病叶还会导致植株其他部位感染。老叶、病叶多到一定程度，就会导致植株早衰，从而使采收期大大缩短。及时摘除老叶、病叶后，植株的养分得到保留，病害也少了很多，这样辣椒植株就不会早衰，采收期也延长了。

2. 合理整枝

辣椒植株分枝能力特别强，分枝上又会长出更多的侧枝。分枝能力强挂果就多，每个枝条的花芽数量是有限的，分枝多就意味着开花多，从而挂果也多。但是枝条的生长，也是极耗养分的，枝条过旺也会影响通风、透光，也有可能导致植株过早衰亡。因此，延长辣椒采收期，需要解决枝条过多过杂的问题，而解决的方法就是整枝。每棵辣椒植株留下四根枝条作为主枝，然后在每个主枝上，再留 2～3 个枝条作为侧枝。通过控制枝条的数量以及生长位置，可以改善植株的通风、透光，从而让采收期变得更长。

3. 防病虫害

辣椒的花果期正好是病害高发之时，尤其是那些种在林地附近的辣椒，很容易受到虫害的侵袭，虫害危害严重时就会导致植株的长势衰减，从而过早地结束结果期，需要及时做好病虫害的防治工作。

4. 适时追肥

在辣椒生长的后期，植株原本积累下来的养分已然消耗无几，而此时又有很多幼果正在膨大，同时开花也在继续。如果此时养分一直供应不上的话，就会导致枝叶的生长变慢，开花以及坐果也会受到影响。从表现上来看，就是植株早衰了。因此，生长后期要及时追施肥料，可预防早衰。后期追肥，一方面要考虑到花果的需求，增施磷钾肥；另一方面也要考虑到枝叶的生长，促进恢复植株的长势，所以需要保证氮肥的供应。另外，为更快发挥肥效，需要使用速效型的肥料，在施肥后要及时地浇一遍水或随水施肥。

5. 及时采收

辣椒的幼果长到定型之后一直到椒果变红之前，都是可以采收的。有些菜农希望等所有的椒果都变红之后再进行采收，从幼果定型到变红的这段时期内，椒果仍然会消耗一些养分，如果大量的挂果都不采收的话，就会导致养分消耗过量，从而让植株生长受限，这对于延长挂果期是很不利的。所以建议菜农们及时地采收已经成熟的辣椒，前期优先采收嫩椒，后期则可以适当地选留一些椒果让其变红。

第六章

辣椒的留种

辣椒是自花授粉作物，天然杂交率达 10％左右，部分农户因留种的方法不当，导致种株串粉杂交，引起种性严重退化。因此，对于种植辣椒的专业户来说，辣椒留种时，要注意采取提纯复壮的方法进行选种。

一、留种方法

1. 选择优良单株

在种植优良品种的地块，于辣椒植株第 1 层花结果后，选择具有本品种典型性状、生长发育壮实的优良单株作为留种株，并加强肥水管理，确保较好的生长发育条件，使品种能充分表现其优良性状。鉴于常光顾辣椒花朵的昆虫如蜜蜂、有翅蚜、蓟马、粉虱等易引起异花授粉，为了防混杂，要采取强制自花授粉的方法，即将中选植株上的花朵用小纸袋套住，也可将中选植株用纱布袋套住，待隔离后所结的果实红熟后再根据植株的抗病性、果实性状及丰产性进行 1 次选择淘汰，并分株采收留种和编号。

2. 选优淘劣

在下一个生长季节，将每个种株采收的种子种成株行圃，并设置良好的隔离条件。从圃中选择符合本品种主要特征，并且抗病，丰产，适应性强的辣椒。辣椒留种注意复壮，以及留意株行内和株行间性状基本一致的优良株行。种椒充分红熟后，各株行分别留种和编号。再到下一个栽培季节，各行的种子分别种植，建立株系圃，并设置 500 米以上的品种隔离条件。再经鉴定比较，将中选的优良株系混合采收留种，用作良种繁育中的原种。

3. 种子繁育

即繁殖大田生产所用种子。繁殖田要求肥力水平中等以上，排灌条件良好，有较好的隔离条件。隔离距离要求在 300 米以上。繁殖田田间管理与商品辣椒大致相同，但各项管理措施要及时，并且要进行植株调整，疏花疏果，保证籽粒饱满，加强肥水管理和病虫防治，定期检查，及时去除杂株和劣株，采收留种果时再进行 1 次选择。

二、种子贮藏保存

辣椒种子体积小，千粒重低，为0.5～0.7克，种子内含有机养分很少，常温贮藏，呼吸消耗多，极易耗去其中养分，活力下降，品质变差，甚至失去活力而不能萌发，故在常温条件下种子品质劣变快。辣椒种子种皮表面凸凹不平，表面含有丰富的养料，尤其是糖类和维生素，而抗菌和抑制微生物生长的物质几乎没有。常温下贮藏的种子极易吸潮，为微生物尤其是为霉菌滋生创造良好条件。在华南地区，常年高温多雨季节长，空气潮湿，种子极易霉变而失去活力。因此，要注意种子的贮藏保存条件。

辣椒留种用悬挂法缓慢风干脱水干燥，并以果实内种子宿存保存，得到果皮蜡质密封具有抗微生物侵入的功能，可以维持种子较长的活力。为了较长时间保存种子，也可用密闭容器、胶袋，抽去其中空气，造成高度缺氧状态，存放在0～4℃的低温环境中，抑制种子的呼吸和微生物的生长，可保持4～5年，有生产应用价值。后期取种时用小刀将果实纵剖、展开，将胎座上的种子用小刀刮下，或用小刀沿萼片周围切开，将果柄向上提，把种子连同胎座一起取出，再刮下种子，避免将果肉、碎片及胎座混入种子内。处理辣椒味很重的果实时，需要戴上口罩和乳胶手套，或仅套住拇指和食指。

第七章

辣椒保鲜、贮藏与加工

国家农产品保鲜工程技术研究中心研究发现，我国每年生产的水果蔬菜从田间到餐桌，损失率高达 25%～30%，年损失价值近 800 亿元；而发达国家的果蔬损失率则普遍控制在 5%以下，美国果蔬在保鲜物流环节的耗率仅有 1%～2%。究其原因，除了产前标准化生产程度低、质量参差不齐等产前因素外，产后物流过程中预冷环节薄弱、冷链集成程度差及普及度低也是重要因素。需要提及的是，果蔬平均增产 10%～15%很难，而果蔬采后损失却高达 25%～30%。因此，要大幅度降低果蔬采后损失率，才不会将采前所有增产努力耗费殆尽。

辣椒果实在收获后，其新陈代谢作用还在不断进行。跟采摘前不同的是，辣椒果实不能再从植株得到水分和其他物质的供给，而是不断地失去水分和分解在生长过程中所积累的各种物质，以获得维持其生命活动的能量。随着贮藏时间的延长，辣椒果实的有机物质消耗增加，其颜色、风味、质地和营养物质不断地改变，最终导致质量和数量上的损失。辣椒保鲜就是通过物理、化学等手段最大程度地降低辣椒的呼吸速率，尽可能地减少辣椒水分和有机物质的消耗速度，并最大可能保持辣椒的颜色、风味、质地和营养物质。鲜食辣椒贮藏保鲜是一项系统工程，贮藏保鲜的关键技术涉及 5 个方面：一是防止失水萎蔫；二是防止低温冷害；三是防止转色变红；四是防止二氧化碳伤害；五是防止微生物侵染造成腐烂。

一、保鲜技术

1. 采前防病措施

作为贮藏或长途运输的辣椒，应选择抗病性强、果皮角质厚、色深绿、较耐贮藏的品种进行栽培。采前 10～15 天，应适量喷洒杀菌剂，如喷洒 10%乙磷铝可湿性粉剂 200 倍液或 70%代森锰锌 400 倍液等，以减少田间病原菌的密度和数量。

2. 挑选果实和分级

优质的原料才能保证出优质的产品，原料品质的把控是辣椒高质量保鲜的重要前提。该环节主要是把控辣椒的外观品质，也称商品品质。因此，在挑选时应剔除病果、虫果、伤果和转红果，挑选外形完整、无病虫害和机械伤的果实进行保鲜，以达到延长保鲜期，提高商品价值的目的。要注意剔除有病虫害及有伤的果实并用剪刀将入贮青椒的果柄剪平。挑选整修青椒的同时，按不同大小将青椒分成大、中、小三级，具体规格可按不同品种特性灵活掌握，总的原则是达到大小整齐一致，分别放置。同一品种制订统一标准：尖椒按果实纵径分级，大果纵径超过 12 厘米，中果纵径 9～12 厘米，小果纵径在 9 厘米以下；青椒按横径分级，大果横径超过 10 厘米，中果横径 8～10 厘米，小果横径 8 厘米以下；圆形辣椒按横径分级，大果横径超过 10 厘米，中果横径 8～10 厘米，小果横径 8 厘米以下。对辣椒进行分级的目的是提高其商品一致性，不同等级的辣椒价格相差较大。

3. 杀菌

将挑选、修整好的青椒用噁霉灵或 3% 噻唑灵烟剂熏蒸处理。方法是：将挑选好的青椒放入一密闭容器中，按每 10 千克青椒用 2 毫升噁霉灵的比例称取药剂，分多点均匀放在筐缝处，密闭熏蒸 2 小时。

软腐病和炭疽病是辣椒生长和贮藏期间常见的病害。发生病害的果实在挑选阶段已被剔除，而未发生病害但其在田间已携带有病原菌的果实在挑选时无法用肉眼进行辨别，只有在贮藏一段时间后才会表现出相应的病害症状。因此，分级后的辣椒在入贮前须在杀菌保鲜剂中浸泡 2～3 分钟，以除去表面病菌。若采用喷施杀菌剂的方式，则要求喷施彻底、均匀，每一个果实都要喷到，防止漏喷。

4. 预冷

青椒采收入库贮藏前可先进行预冷，待青椒温度达到库温后再包装入贮，减少贮藏中的结露现象。在一般情况下不用水预冷，因为水冷会增加腐烂，但当果实温度为 26.7℃ 或更高时，则需用水预冷，使之在 3～4 小时内降至 12.8℃ 以下。预冷后要用厚度为 0.03～0.04 毫米的聚乙烯薄膜制成 50～60 厘米长、30 厘米宽的塑料袋，在袋口下方 1/3 处，用打孔器打 2～3 个对称的小孔，随后装入青椒，封住袋口，放于菜架上贮藏。

5. 包装

用于产品大包装的容器如塑料箱、纸箱、竹筐等，应按产品的大小规格设计，同一规格应大小一致，整洁、干燥、牢固、透气、无污染、无异味、无虫蛀、无腐烂、无霉变等，内壁无尖突物，纸箱无受潮、离层现象。按产品的品种、规格分别包装，同一件包装内的产品需摆放整齐紧密。每批产品所用的包装、单位重量应一致，每件包装净含量不得超过 10 千克。每一包装上应标明产品名称、标准编号、商标、生产单位（或企业）名称、详细地址、产地、规格、净含量和包装日期等，标志上的字迹应清晰、完整、准确。包装应在低温或冷库环境下进行。

6. 贮藏

青椒贮藏适温 10℃±1℃，低于适温以下，越低越容易产生冷害；高于适温以上，越高越容易衰老和腐烂，不能久贮。适宜相对湿度为 90%～95%。辣椒适宜的气调环境为氧气 2%～7%，二氧化碳 1%～2%。辣椒容易受二氧化碳危害，当袋内二氧化碳浓度超过 3% 时，应开袋放风。此外，辣椒在保鲜过程中，易产生乙烯气体，该气体对辣椒具有催熟作用，应定期清除环境中产生的乙烯气体。生产上，可将乙烯吸收剂放置于保鲜袋中，或采用定期通风的方式清除乙烯气体。贮藏场所要在青椒入贮前彻底清扫干净，老库房要进行药剂消毒，每立方米用硫黄粉 5～10 克，与少量干锯末、刨花混匀放在干燥的砖上点燃，立即关闭库门，密闭 24 小时后充分通风即可。喷洒其他广谱杀菌剂如多菌灵、甲基硫菌灵等也有杀菌效果。机械冷库是最理想的贮藏场所，因为温度可以自动控制，能保持恒定。采用其他简易贮藏方法要特别注意管理。青椒入贮初期，由于外界气温较高，窖内温度也相对较高，所以需要在晚上打开通风口或换气口降温。贮藏中期需要关闭通风口保持相对湿度。贮藏期间应勤检查，入贮 1 个月后应把辣椒翻倒检查 1 次，每隔 15 天检查 1 次，剔除烂果及转红果。

7. 防治贮藏期病害

青椒贮藏期常发生炭疽病、青霉病、果腐病、疫病、根霉蒂腐病、软腐病、萎蔫症等病害以及遭受冷害、二氧化碳等危害。防治方法：采收时要带柄采收，最好用无锈剪刀剪；轻拿轻放，采用适宜的包装，做好预冷工作，控制适宜的温、湿度和二氧化碳浓度；对包装材料要进行消毒灭菌，对贮藏果品要进行必要的保鲜处理；改善贮藏微环境，如在包装物上打孔或在贮藏帐内、贮藏垛旁放置消石灰，调节二氧化碳浓度；要定期检查、翻库、及时清理烂果、病果等。

8. 运销

销往远距离城市的辣椒，采收后要精选装入纸箱，在温度 8～10℃、相对湿度 85%～90% 的冷库预冷 8～12 小时后再保温运输。如果能用保温车运输最有利于保持辣椒的商品性。没有保温车的可以用普通卡车＋棉被＋冰块的方式，即在车厢的底部铺塑料布，垫棉被，内层铺泡沫板保温，在里面可放入冰袋，此种包装措施基本可以保证 48 小时长途运输。在产品装车时，一定要用薄膜及保温被保护好产品，薄膜要做到及时严密封口，装车时间不得过长，应尽量减少冷气散发，确保产品保鲜，运输车辆必须车况良好，要确保在规定时间内到达销售市场。运输过程中要注意防冻、防雨淋、防晒、通风散热。进入超市前要进行配送小包装，在青椒装入包装后，在托盘或箱外再缠一道膜，托盘和箱的容量以不超过 1 千克为限。超市销售蔬菜冷柜温度一般在 5～10℃，常温销售柜台要少摆放，随时从冷库取货补充柜台。

二、贮藏方法

1. 控温控湿法

将适时采摘的辣椒轻轻放入专用鲜贮塑料袋或硅窗袋中，每 5～10 千克装 1 袋，同时应注意避免碰到辣椒。入库前应在室温下预冷 1～2 天，将开始转红、有机械损伤的辣椒和嫩椒挑出，然后放入阴凉的室内。堆放时不宜过高、过重以防压坏下面的辣椒，最好搭架分层、分格堆放。同时，应使室内的温度控制在 5～10℃，相对湿度控制在 85％左右，尤其应注意在春天时，室内的温度不能超过 8℃，相对湿度不应大于 80％。保存期间做好贮藏检查管理工作，及时挑选出烂果。

2. 沙藏法

首先应选择比较阴凉的地方，挖一个宽 1 米、深 1 米、长度不限的沟，并将挖出的土培垒在沟的四周，沟的总深度在 1.3 米左右。在沟底铺一层 3 厘米厚的洗净了的潮湿细沙，后摆一层辣椒，撒一层细沙将辣椒盖住，共摆 5～6层。再在上面盖约 6 厘米厚的潮湿细沙，这样使沟内保持 80％左右的相对湿度。最后在沟顶横放竹竿，在竹竿上放草垫。最初在白天盖上草垫，晚上揭去草垫。但随着沟内温度的下降，晚上可不再揭草垫，且还要逐渐加厚草垫，以使沟内的温度保持在 5～8℃。每隔 15 天翻动 1 次，拣选出不宜再继续贮藏的辣椒上市销售。

3. 窖内盖藏

把选好的辣椒装入垫有纸的竹筐中，放入窖内，后用湿草席围在竹筐的四周和盖在筐顶。草席干后要及时喷水，使窖内的相对湿度保持在 80％左右，温度保持在 5～8℃。这与沙藏法的要求相同。收获早的辣椒可先预贮，收获晚的可直接入窖贮藏。辣椒在窖内可散堆，窖底垫沙，堆高以 30～40 厘米为宜，上面用湿草袋覆盖；也可用筐装贮藏，筐装辣椒可以堆码，贮量较大，垛面用湿蒲包覆盖。贮藏前期白天应关闭窖口和通风口，夜间打开通风口或排风扇强制通风；中期昼夜均应关闭通风口，以保温为主，必要时可在晴天中午少量通风，但严防冻害；后期外界湿度较低，可用空气加湿器适当加湿。贮藏期间要勤检查，挑出不宜贮藏的果实尽快供应市场。采用此方法，可使夏收辣椒贮藏保鲜 2 个多月，秋种冬收的辣椒可贮藏更长的时间，达 3 个多月。

4. 沟藏法

贮藏前在地势干燥的地方挖一条东西延长的沟,沟宽 1 米,长不限,深 1~2 米,沟底铺一层沙子或垫一层秸秆。采收的辣椒经短期预贮后,轻轻摆放在沟里,可装筐放到沟里,也可一层辣椒一层细沙贮藏,每层厚度不超过 50 厘米。沟上盖草帘,贮藏期间严防漏水,每隔 15 天左右检查翻动 1 次,挑出烂果。沟藏法可贮 2 个月左右。

三、辣椒加工

辣椒作为人们日常生活中常见的调料品,在食品行业扮演着至关重要的角色,辣椒产业的快速发展,带动了辣椒加工制品业的迅速发展。辣椒系列加工制品表现出强劲的发展势头,成为食品行业中增幅最快的门类之一,有力地促进了我国辣椒产业的发展。目前,目前我国辣椒加工企业数以千计,规模较大的有 200 多家,开发了油辣椒、剁辣椒、辣椒酱、辣椒油等 200 多个品种,我国辣椒加工产品主要以辣椒干/粉、辣椒酱、泡辣椒、剁辣椒为主,精深加工的辣椒精、辣椒素、辣椒红色素等为辅,广泛分布于我国各省市。其中湖南加工辣椒产业中,剁辣椒、辣椒酱占据主要地位;江西加工辣椒产业则以永叔公、久鸿等以泡辣椒、剁辣椒的品牌为主;四川辣椒加工产业以豆瓣酱、泡辣椒以及鲜椒的加工为主,其中郫县(现为郫都区)豆瓣酱和临江寺豆瓣酱最为出名;贵州则以老干妈为主,其加工辣椒产值为全国最高;山东、云南等地则以辣椒红色素、辣椒碱等精深加工为主要方向。下面介绍几种可以自行操作的辣椒加工方法。

1. 红椒罐头

(1) 原料选择 选择全红、饱满、不萎蔫的鲜椒,剔除腐烂、病、虫果,辣椒红透后及时采摘加工,不可后熟,否则风味差。

(2) 洗涤 用洁净水冲洗辣椒,除去尘土和污垢。

(3) 去蒂除籽 用小刀纵切,对开,去除辣椒籽和筋膜,并修除果蒂。

(4) 软化烫漂 把辣椒放入 90~95℃微沸水中烫 30~60 秒,以椒片烫透均匀柔软为度,及时冷却,沥干备用。

(5) 分选 剔除不全红、软烂、有斑点的辣椒,然后按大小分级。

(6) 汤汁调配 砂糖 8 千克、精盐 2.2 千克、食用醋 1.37 千克、丁香 100 克、桂皮 125 克、月桂叶 100 克、黑胡椒 50 克、白胡椒 100 克、水约 90 千克。先将以上香料加水,煮 30~40 分钟后过滤,然后加入糖、盐,使之溶解煮沸,最后加入食用醋及沸水,调整汤汁总量为 100 千克备用。

(7) 称重装罐 选用 500 型玻璃瓶,以固形物占净重的 50% 为标准,按辣椒大小分别装罐，每罐填充量为果肉 250 克、汤汁 250 克、净重 500 克，罐上部要保持一定空隙。

（8）排气及密封　趁热排气，排气温度为 85～95℃，时间 8～10 分钟，罐内中心温度为 75～85℃。用真空封罐机封罐（真空度 53～60 千帕）。

（9）杀菌及冷却　密封后应迅速置于 100℃沸水保持 30 分钟杀菌，再分段冷却至 37℃以下，擦干罐外水珠，入库。

2. 腌小椒

（1）原料选择　选择羊角小椒，在青熟期采收，清除病、虫、霉烂果及枝叶等杂质，用清水浸 1 小时洗净后沥干，清除萼片及果柄备用。

（2）扎孔　在椒果基部用竹签扎 2～3 个孔，穿透椒肉隔膜，以促使食盐进入，扎孔还可防产品软烂。

（3）盐腌　具体操作方法如下（用盐量占椒重的 25％）：放一层辣椒撒一层盐，上部多些下部宜少些，并由上往下浇 5％的冷开水以利于化盐，要求当天倒缸，以后每天倒缸 2 次，1 周后改为每天倒缸 1 次，如此坚持 1 个月，即停止倒缸。用大砖块压住并用盐封顶 1 个月，至腌透为止。

3. 泡椒片

（1）选料　选择八九成熟，无腐烂、虫害、个大、肉实的新鲜青椒和红椒为原料，用清水洗去泥沙及杂物备用。

（2）去筋、籽　纵向切两半，挖去内部的筋、籽，再用清水冲洗，沥干。

（3）切片　将去筋、籽的辣椒切成长 4 厘米、宽 2 厘米的片状。

（4）浸渍　将切分好的辣椒投入糖液中浸渍，糖液由 15％的白糖、2.5％的食盐及少量的味精混合溶液制成，糖液的温度为 60℃，浸渍时间为 1～2 小时。

4. 红辣椒酱

红辣椒酱配料为红辣椒、花椒、盐、大料。先将辣椒洗净、晾干、粉碎，再将调料包括花椒、盐和大料一起粉碎。与辣椒末一并入缸密封 7 天后即成。

5. 腌青辣椒

将青辣椒洗净、晾干、扎眼、装缸。将花椒、大料、生姜入布袋，投入盐水中煮沸 3～5 分钟捞出，待盐水冷却后入缸，每天搅动 1 次，连续 3～5 天，约经 30 天后即成。色泽青绿，口感鲜辣。

6. 腌红辣椒

将辣椒洗净，在开水中焯 5 秒迅速捞出，沥尽水，晾凉后倒进大盆，加入盐、白糖搅拌，腌 24 小时后入缸，淋入料酒，密封贮藏 60 天后即成。肉质脆嫩、味香醇，可佐餐，亦可调味。

7. 豆瓣辣酱

将新鲜、优质的辣椒清洗干净，然后去柄、切碎，入缸加盐与豆瓣酱搅匀，每天均匀地翻动 1 次，约经 15 天即成。鲜辣可口。

8. 辣椒芝麻酱

将辣椒、芝麻粉碎，与花椒、八角、五香粉及盐一并充分拌匀后贮藏，随吃随取。香、鲜、辣俱佳。

9. 酸辣椒 先将辣椒洗净，用开水烫软后捞起，滤干、装缸，然后加入米醋、醋精及凉开水（水高于辣椒 10 厘米为宜），密封腌渍 60 天即成。酸辣兼备，开胃可口。

10. 五香辣椒

将辣椒洗净，晒成半干，加入五香调料拌匀，入缸密封 15 天完成。

11. 辣椒糊

将红辣椒去柄、洗净和上碾，碾细后入缸，每天搅拌 1 次，封缸贮存 10 天后完成。色红鲜辣、味醇细腻。

12. 泡甜椒

将甜椒洗净、晾干，用针或竹签扎眼，装入盛有盐水的泡菜坛中，盖好盖，在坛口水槽内注满凉水，经 10～15 天完成。脆甜开胃。

13. 泡红椒

选择新鲜、优质、肉厚、无伤烂、带柄的大红辣椒，将各种调味料调匀一并装入坛中密封，经 10 天后完成。鲜脆香甜、微辣。

14. 酱油辣椒

将腌好的咸椒捞出，沥尽水入坛后淋入酱油，2 天翻动 1 次，隔 2～3 天再倒缸 1 次，约 7 天后即成。味鲜美、质脆嫩。

15. 辣椒粉

将新鲜辣椒放入底部可通风的晒盘或芦席上暴晒，有条件的可使用烘房干制，晒（烘）干后，用粉碎机或石碾压成料末，分袋包装。可做各种酱菜调料，也可上市出售。

在辣椒制品产业不断扩展的同时，应立足辣椒资源优势，加大辣椒精深加工业的发展。通过政府、龙头企业、科研单位带动辣椒的产前、产中、产后一条龙服务，引进先进的技术，建立起从育种、生产、精深加工的完整辣椒产业链。在辣椒产业内建立起适应国内外的产品质量标准体系，在满足国内市场需求的同时，不断开拓我国辣椒加工业新增长点，不断提高辣椒产业在国际市场的竞争力。同时，辣椒在医疗、美容中的应用功能不断加强，对辣红素、辣椒碱等的需求量持续增高。因此，发展辣椒的精深加工业具有深远意义。

第八章
辣椒类型与部分优良品种资源

辣椒作为重要的蔬菜和调味品，品种非常多，截至2020年8月，国内已登记的辣椒品种有3 606个。在登记的辣椒品种中，有牛角椒、薄皮泡椒、黄皮尖椒、青皮尖椒、螺丝椒、甜椒等1 566个鲜食品种，有线椒、单生朝天椒等938个鲜食加工兼用品种，还有羊角椒、珠子椒、小米椒、美人椒等299个用于干制、脱水、做酱、剁椒以及提取红色素、辣椒素等深加工的品种。这些品种覆盖辣椒七大特色优势区，能够满足不同区域、不同栽培方式及不同口味、用途等生产消费需求。

一、辣椒类型

根据辣椒的果实性状，可将其分为以下6种类型。

①矮生早椒类。植株矮生，分枝性强，结果多，但果实较小，辣味轻。此类品种熟性较早，主要分布于长江流域地区。

②牛角椒类。果实呈牛角形或羊角形，辣味一般较重，植株抗逆性、抗病性、丰产性较强。此类品种十分丰富，分布地区也较广，以西南、中南地区栽培面积最大。

③灯笼椒类。植株粗壮，高大，叶片厚，果实呈灯笼形或圆筒形，辣味一般较轻或完全无辣味，故也称甜椒。此类品种较丰富，分布地区主要在华北、东北以及华东各省。

④线形椒类。果实细长，辣味浓烈，主要用于晒制干椒。

⑤簇生椒类。植株枝条密生，叶狭长。果实簇生，可并生2~3个或10个以上。果细长，红色，辛辣味极强，主要用于晒制干椒。

⑥圆锥椒类。植株矮生，果实较小，圆锥形，辣味强，主要用于晒制干椒。

二、辣椒部分优良品种

1. 中椒 115

品种名称				中椒 115			
生长习性	开展	分枝类型	无限	主茎色	绿	茎茸毛	无
叶色	绿	花冠颜色	白	花药颜色	蓝	花柱颜色	白
花柱长度	长于雄蕊	青熟果色	浅绿	果实姿态	下垂	果面特征	光滑
果顶形状	凹	果长（厘米）	9.70	果宽（厘米）	6.30	果形	灯笼形
单果重（克）	151.95						

彩图 8-1　中椒 115（刘子记　摄）

2. 杭椒 1 号

品种名称	杭椒 1 号						
生长习性	半直立	分枝类型	无限	主茎色	绿	茎茸毛	无
叶色	绿	花冠颜色	白	花药颜色	蓝	花柱颜色	白
花柱长度	长于雄蕊	青熟果色	浅绿	果实姿态	下垂	果面特征	光滑
果顶形状	尖	果长(厘米)	13.50	果宽(厘米)	1.60	果形	羊角形
单果重(克)	26.50						

彩图 8-2　杭椒 1 号（刘子记　摄）

3. 直螺 2 号

品种名称			直螺 2 号				
生长习性	半直立	分枝类型	无限	主茎色	绿	茎茸毛	无
叶色	深绿	花冠颜色	白	花药颜色	蓝	花柱颜色	白
花柱长度	与雄蕊近等长	青熟果色	深绿	果实姿态	下垂	果面特征	皱
果顶形状	尖	果长（厘米）	28.10	果宽（厘米）	1.90	果形	不规则形
单果重（克）	33.50						

彩图 8-3　直螺 2 号（刘子记　摄）

4. 国福 910

品种名称	国福 910						
生长习性	半直立	分枝类型	无限	主茎色	绿	茎茸毛	无
叶色	绿	花冠颜色	白	花药颜色	蓝	花柱颜色	白
花柱长度	与雄蕊近等长	青熟果色	绿	果实姿态	下垂	果面特征	光滑
果顶形状	尖	果长（厘米）	25.10	果宽（厘米）	5.10	果形	牛角形
单果重（克）	160.50						

彩图 8-4　国福 910（刘子记　摄）

5. 泡椒 2 号

品种名称				泡椒 2 号			
生长习性	半直立	分枝类型	无限	主茎色	绿	茎茸毛	无
叶色	绿	花冠颜色	白	花药颜色	蓝	花柱颜色	白
花柱长度	与雄蕊近等长	青熟果色	深绿	果实姿态	下垂	果面特征	皱
果顶形状	凹	果长（厘米）	12.30	果宽（厘米）	3.90	果形	长灯笼形
单果重（克）	52.87						

彩图 8-5　泡椒 2 号（刘子记　摄）

6. 中椒 105

品种名称				中椒 105			
生长习性	半直立	分枝类型	无限	主茎色	绿	茎茸毛	无
叶色	绿	花冠颜色	白	花药颜色	蓝	花柱颜色	白
花柱长度	与雄蕊近等长	青熟果色	绿	果实姿态	下垂	果面特征	光滑
果顶形状	凹	果长（厘米）	9.70	果宽（厘米）	6.70	果形	灯笼形
单果重（克）	128.20						

彩图 8-6　中椒 105（刘子记　摄）

7. 湘研 812

品种名称	湘研 812					
生长习性	半直立	分枝类型	无限	主茎色	绿	茎茸毛	无
叶色	绿	花冠颜色	白	花药颜色	蓝	花柱颜色	白
花柱长度	长于雄蕊	青熟果色	绿	果实姿态	下垂	果面特征	皱
果顶形状	尖	果长（厘米）	19.20	果宽（厘米）	5.30	果形	牛角形
单果重（克）	85.21						

彩图 8-7　湘研 812（刘子记　摄）

8. 中椒 7 号

品种名称	中椒 7 号					
生长习性	半直立	分枝类型	无限	主茎色	绿	茎茸毛	无
叶色	绿	花冠颜色	白	花药颜色	蓝	花柱颜色	白
花柱长度	短于雄蕊	青熟果色	绿	果实姿态	下垂	果面特征	光滑
果顶形状	凹	果长（厘米）	12.90	果宽（厘米）	8.10	果形	灯笼形
单果重（克）	150.61					

彩图 8-8　中椒 7 号（刘子记　摄）

9. 中椒 108

品种名称	中椒 108					
生长习性	半直立	分枝类型	无限	主茎色	绿	茎茸毛	无
叶色	绿	花冠颜色	白	花药颜色	蓝	花柱颜色	白
花柱长度	短于雄蕊	青熟果色	绿	果实姿态	下垂	果面特征	光滑
果顶形状	凹	果长（厘米）	12.10	果宽（厘米）	7.20	果形	灯笼形
单果重（克）	197.60					

彩图 8-9　中椒 108（刘子记　摄）

10. 中椒 106

品种名称		中椒 106					
生长习性	半直立	分枝类型	无限	主茎色	绿	茎茸毛	无
叶色	绿	花冠颜色	白	花药颜色	蓝	花柱颜色	白
花柱长度	长于雄蕊	青熟果色	绿	果实姿态	下垂	果面特征	光滑
果顶形状	尖	果长（厘米）	16.50	果宽（厘米）	6.90	果形	牛角形
单果重（克）	85.42						

彩图 8-10　中椒 106（刘子记　摄）

11. 中椒 6 号

品种名称	中椒 6 号					
生长习性	半直立	分枝类型	无限	主茎色	绿	茎茸毛	无
叶色	绿	花冠颜色	白	花药颜色	蓝	花柱颜色	白
花柱长度	与雄蕊近等长	青熟果色	绿	果实姿态	下垂	果面特征	光滑
果顶形状	尖	果长（厘米）	13.50	果宽（厘米）	4.50	果形	牛角形
单果重（克）	65.21					

彩图 8-11　中椒 6 号（刘子记　摄）

12. 直螺 1 号

品种名称	直螺 1 号					
生长习性	半直立	分枝类型	无限	主茎色	绿	茎茸毛	无
叶色	绿	花冠颜色	白	花药颜色	蓝	花柱颜色	白
花柱长度	与雄蕊近等长	青熟果色	浅绿	果实姿态	下垂	果面特征	皱
果顶形状	尖	果长（厘米）	28.40	果宽（厘米）	2.60	果形	不规则形
单果重（克）	74.21					

彩图 8-12　直螺 1 号（刘子记　摄）

13. 海花彩椒 1 号

品种名称				海花彩椒 1 号			
生长习性	半直立	分枝类型	无限	主茎色	绿	茎茸毛	无
叶色	绿	花冠颜色	白	花药颜色	蓝	花柱颜色	白
花柱长度	与雄蕊近等长	青熟果色	绿	果实姿态	下垂	果面特征	光滑
果顶形状	凹	果长（厘米）	9.10	果宽（厘米）	8.70	果形	灯笼形
单果重（克）	281.10						

彩图 8-13　海花彩椒 1 号（刘子记　摄）

14. 湘研美玉

品种名称			湘研美玉				
生长习性	半直立	分枝类型	无限	主茎色	绿	茎茸毛	无
叶色	绿	花冠颜色	白	花药颜色	蓝	花柱颜色	白
花柱长度	长于雄蕊	青熟果色	绿	果实姿态	下垂	果面特征	光滑
果顶形状	尖	果长（厘米）	20.50	果宽（厘米）	5.60	果形	牛角形
单果重（克）	173.50						

彩图 8-14　湘研美玉（刘子记　摄）

15. 湘辛 28

品种名称						湘辛 28	
生长习性	半直立	分枝类型	无限	主茎色	绿	茎茸毛	无
叶色	绿	花冠颜色	白	花药颜色	蓝	花柱颜色	白
花柱长度	长于雄蕊	青熟果色	绿	果实姿态	下垂	果面特征	皱
果顶形状	尖	果长（厘米）	32.50	果宽（厘米）	1.90	果形	线形
单果重（克）	52.13						

彩图 8-15　湘辛 28（刘子记　摄）

16. 甜锥 1 号

品种名称	甜锥 1 号						
生长习性	半直立	分枝类型	无限	主茎色	绿	茎茸毛	无
叶色	绿	花冠颜色	白	花药颜色	蓝	花柱颜色	白
花柱长度	长于雄蕊	青熟果色	绿	果实姿态	下垂	果面特征	光滑
果顶形状	圆	果长（厘米）	13.50	果宽（厘米）	5.30	果形	圆锥形
单果重（克）	150.10						

彩图 8-16　甜锥 1 号（刘子记　摄）

17. 茄门甜椒

品种名称	茄门甜椒					
生长习性	半直立	分枝类型	无限	主茎色	绿	茎茸毛	无
叶色	绿	花冠颜色	白	花药颜色	蓝	花柱颜色	白
花柱长度	短于雄蕊	青熟果色	绿	果实姿态	下垂	果面特征	光滑
果顶形状	凹	果长(厘米)	9.10	果宽(厘米)	8.90	果形	灯笼形
单果重(克)	209.50						

彩图 8-17 茄门甜椒（刘子记 摄）

18. 中椒 4 号

品种名称				中椒 4 号			
生长习性	半直立	分枝类型	无限	主茎色	绿	茎茸毛	无
叶色	绿	花冠颜色	白	花药颜色	蓝	花柱颜色	白
花柱长度	与雄蕊近等长	青熟果色	绿	果实姿态	下垂	果面特征	光滑
果顶形状	凹	果长(厘米)	8.10	果宽(厘米)	6.10	果形	灯笼形
单果重(克)	144.50						

彩图 8-18　中椒 4 号（刘子记　摄）

19. 绿螺 2 号

品种名称	绿螺 2 号					
生长习性	半直立	分枝类型	无限	主茎色	绿	茎茸毛	无
叶色	绿	花冠颜色	白	花药颜色	蓝	花柱颜色	白
花柱长度	与雄蕊近等长	青熟果色	绿	果实姿态	下垂	果面特征	皱
果顶形状	尖	果长（厘米）	29.10	果宽（厘米）	3.50	果形	不规则形
单果重（克）	125.50					

彩图 8-19　绿螺 2 号（刘子记　摄）

20. 线霸

品种名称	线霸						
生长习性	半直立	分枝类型	无限	主茎色	绿	茎茸毛	无
叶色	绿	花冠颜色	白	花药颜色	蓝	花柱颜色	白
花柱长度	长于雄蕊	青熟果色	绿	果实姿态	下垂	果面特征	光滑
果顶形状	尖	果长（厘米）	34.10	果宽（厘米）	2.10	果形	线形
单果重（克）	60.50						

彩图 8-20　线霸（刘子记　摄）

21. 中椒107

品种名称	中椒107				
生长习性	半直立	分枝类型	无限	主茎色	绿	茎茸毛	无
叶色	绿	花冠颜色	白	花药颜色	蓝	花柱颜色	白
花柱长度	长于雄蕊	青熟果色	绿	果实姿态	下垂	果面特征	光滑
果顶形状	凹	果长（厘米）	10.10	果宽（厘米）	7.50	果形	灯笼形
单果重（克）	257.10				

彩图 8-21　中椒107（刘子记　摄）

22. 白秀 1 号

品种名称	白秀 1 号						
生长习性	半直立	分枝类型	无限	主茎色	绿带紫条	茎茸毛	无
叶色	绿	花冠颜色	白	花药颜色	蓝	花柱颜色	白
花柱长度	长于雄蕊	青熟果色	白	果实姿态	下垂	果面特征	光滑
果顶形状	尖	果长（厘米）	12.10	果宽（厘米）	1.50	果形	线形
单果重（克）	6.80						

彩图 8-22　白秀 1 号（刘子记　摄）

23. 京辣 8 号

品种名称	京辣 8 号					
生长习性	半直立	分枝类型	无限	主茎色	绿	茎茸毛	无
叶色	绿	花冠颜色	白	花药颜色	蓝	花柱颜色	白
花柱长度	长于雄蕊	青熟果色	绿	果实姿态	下垂	果面特征	光滑
果顶形状	尖	果长（厘米）	14.60	果宽（厘米）	5.10	果形	牛角形
单果重（克）	121.80					

彩图 8-23　京辣 8 号（刘子记　摄）

三、辣椒部分优良种质资源

1. CC1

种质名称		CC1			
子叶颜色	浅绿	株型	半直立	株高（厘米）	48.9
株幅（厘米）	31.2	分枝类型	无限分枝	主茎色	绿
茎茸毛	无	叶形	披针形	叶色	绿
叶缘	全缘	叶片长（厘米）	10.0	叶片宽（厘米）	5.0
叶柄长（厘米）	3.0	叶面特征	微皱	首花节位	13
花冠颜色	白	花药颜色	紫	花柱颜色	紫
花柱长度	长于雄蕊	花梗着生状态	下垂	青熟果色	浅绿
果面棱沟	深	果面光泽	有	商品果纵径（厘米）	5.4
商品果横径（厘米）	2.1	果梗长度（厘米）	2.3	果形	短锥形
果肉厚（厘米）	0.12	老熟果色	黄色	辣味	极辣

彩图 8-24　CC1（刘子记　摄）

2. CC2

种质名称		CC2			
子叶颜色	浅绿	株型	半直立	株高（厘米）	47.8
株幅（厘米）	44.2	分枝类型	无限分枝	主茎色	绿
茎茸毛	无	叶形	披针形	叶色	深绿
叶缘	全缘	叶片长（厘米）	14.0	叶片宽（厘米）	7.2
叶柄长（厘米）	2.5	叶面特征	微皱	首花节位	14
花冠颜色	白	花药颜色	紫	花柱颜色	白
花柱长度	长于雄蕊	花梗着生状态	下垂	青熟果色	深绿
果面棱沟	深	果面光泽	有	商品果纵径（厘米）	5.3
商品果横径（厘米）	3.4	果梗长度（厘米）	2.4	果形	短锥形
果肉厚（厘米）	0.2	老熟果色	浅黄	辣味	极辣

彩图 8-25　CC2（刘子记　摄）

3. CC3

种质名称			CC3			
子叶颜色	浅绿	株型	半直立	株高（厘米）		58.8
株幅（厘米）	44.5	分枝类型	无限分枝	主茎色		绿
茎茸毛	无	叶形	披针形	叶色		深绿
叶缘	全缘	叶片长（厘米）	19.3	叶片宽（厘米）		8.3
叶柄长（厘米）	4.7	叶面特征	微皱	首花节位		17
花冠颜色	白	花药颜色	紫	花柱颜色		白
花柱长度	长于雄蕊	花梗着生状态	下垂	青熟果色		深绿
果面棱沟	深	果面光泽	有	商品果纵径（厘米）		4.7
商品果横径（厘米）	2.1	果梗长度（厘米）	2.1	果形		长锥形
果肉厚（厘米）	0.21	老熟果色	橙色	辣味		极辣

彩图 8-26　CC3（刘子记　摄）

4. CC4

种质名称		CC4			
子叶颜色	浅绿	株型	半直立	株高（厘米）	59.7
株幅（厘米）	52.4	分枝类型	无限分枝	主茎色	绿
茎茸毛	无	叶形	披针形	叶色	深绿
叶缘	全缘	叶片长（厘米）	19.6	叶片宽（厘米）	8.6
叶柄长（厘米）	3.6	叶面特征	微皱	首花节位	17
花冠颜色	白	花药颜色	紫	花柱颜色	白
花柱长度	长于雄蕊	花梗着生状态	下垂	青熟果色	深绿
果面棱沟	深	果面光泽	有	商品果纵径（厘米）	6.0
商品果横径（厘米）	2.6	果梗长度（厘米）	2.7	果形	短锥形
果肉厚（厘米）	0.12	老熟果色	浅黄	辣味	极辣

彩图 8-27 CC4（刘子记 摄）

5. CC5

种质名称			CC5		
子叶颜色	浅绿	株型	半直立	株高（厘米）	58.9
株幅（厘米）	48.3	分枝类型	无限分枝	主茎色	深绿
茎茸毛	无	叶形	披针形	叶色	深绿
叶缘	全缘	叶片长（厘米）	21.9	叶片宽（厘米）	9.7
叶柄长（厘米）	4.7	叶面特征	微皱	首花节位	16
花冠颜色	白	花药颜色	紫	花柱颜色	白
花柱长度	长于雄蕊	花梗着生状态	下垂	青熟果色	深绿
果面棱沟	深	果面光泽	有	商品果纵径（厘米）	4.6
商品果横径（厘米）	3.2	果梗长度（厘米）	3.2	果形	短锥形
果肉厚（厘米）	0.14	老熟果色	橙色	辣味	极辣

彩图 8-28　CC5（刘子记　摄）

6. CC6

种质名称			CC6			
子叶颜色	浅绿	株型	半直立	株高（厘米）		65.3
株幅（厘米）	44.5	分枝类型	无限分枝	主茎色		深绿
茎茸毛	无	叶形	披针形	叶色		深绿
叶缘	全缘	叶片长（厘米）	26.0	叶片宽（厘米）		10.8
叶柄长（厘米）	6.0	叶面特征	微皱	首花节位		17
花冠颜色	白	花药颜色	紫	花柱颜色		白
花柱长度	长于雄蕊	花梗着生状态	下垂	青熟果色		深绿
果面棱沟	中	果面光泽	有	商品果纵径（厘米）		1.5
商品果横径（厘米）	2.0	果梗长度（厘米）	3.5	果形		灯笼形
果肉厚（厘米）	0.15	老熟果色	黄色	辣味		极辣

彩图 8-29 CC6（刘子记 摄）

7. CC16

种质名称			CC16		
子叶颜色	浅绿	株型	半直立	株高（厘米）	53.2
株幅（厘米）	62.7	分枝类型	无限分枝	主茎色	深绿
茎茸毛	无	叶形	披针形	叶色	深绿
叶缘	全缘	叶片长（厘米）	15.0	叶片宽（厘米）	9.6
叶柄长（厘米）	3.0	叶面特征	微皱	首花节位	10
花冠颜色	白	花药颜色	黄	花柱颜色	白
花柱长度	短于雄蕊	花梗着生状态	下垂	青熟果色	绿
果面棱沟	深	果面光泽	有	商品果纵径（厘米）	4.4
商品果横径（厘米）	3.2	果梗长度（厘米）	3.1	果形	长锥形
果肉厚（厘米）	0.20	老熟果色	乳白	辣味	极辣

彩图 8-30　CC16（刘子记　摄）

8. CC18

种质名称				CC18	
子叶颜色	浅绿	株型	半直立	株高（厘米）	42.1
株幅（厘米）	51.2	分枝类型	无限分枝	主茎色	深绿
茎茸毛	无	叶形	披针形	叶色	深绿
叶缘	全缘	叶片长（厘米）	11.8	叶片宽（厘米）	6.4
叶柄长（厘米）	5.1	叶面特征	微皱	首花节位	9
花冠颜色	白	花药颜色	黄	花柱颜色	白
花柱长度	短于雄蕊	花梗着生状态	下垂	青熟果色	绿
果面棱沟	深	果面光泽	有	商品果纵径（厘米）	5.2
商品果横径（厘米）	2.4	果梗长度（厘米）	4.0	果形	长锥形
果肉厚（厘米）	0.20	老熟果色	黄色	辣味	极辣

彩图 8-31　CC18（刘子记　摄）

9. CC20

种质名称			CC20	
子叶颜色	浅绿	株型	半直立	株高（厘米）	63.4
株幅（厘米）	83.2	分枝类型	无限分枝	主茎色	深绿
茎茸毛	无	叶形	披针形	叶色	深绿
叶缘	全缘	叶片长（厘米）	23.4	叶片宽（厘米）	4.3
叶柄长（厘米）	7.1	叶面特征	微皱	首花节位	11
花冠颜色	白	花药颜色	紫	花柱颜色	白
花柱长度	长于雄蕊	花梗着生状态	下垂	青熟果色	浅绿
果面棱沟	深	果面光泽	有	商品果纵径（厘米）	5.6
商品果横径（厘米）	2.8	果梗长度（厘米）	4.4	果形	不规则形
果肉厚（厘米）	0.20	老熟果色	黄色	辣味	极辣

彩图 8-32　CC20（刘子记　摄）

10. CC22

种质名称			CC22			
子叶颜色	浅绿	株型	半直立	株高（厘米）		53.3
株幅（厘米）	82.1	分枝类型	无限分枝	主茎色		深绿
茎茸毛	稀	叶形	长卵圆	叶色		深绿
叶缘	全缘	叶片长（厘米）	13.1	叶片宽（厘米）		8.6
叶柄长（厘米）	3.1	叶面特征	微皱	首花节位		9
花冠颜色	白	花药颜色	黄	花柱颜色		白
花柱长度	短于雄蕊	花梗着生状态	下垂	青熟果色		绿
果面棱沟	深	果面光泽	有	商品果纵径（厘米）		4.5
商品果横径（厘米）	2.8	果梗长度（厘米）	4.1	果形		不规则形
果肉厚（厘米）	0.24	老熟果色	黄色	辣味		极辣

彩图 8-33　CC22（刘子记　摄）

11. CC24

种质名称			CC24		
子叶颜色	浅绿	株型	半直立	株高（厘米）	49.1
株幅（厘米）	72.5	分枝类型	无限分枝	主茎色	深绿
茎茸毛	稀	叶形	长卵圆	叶色	深绿
叶缘	全缘	叶片长（厘米）	15.5	叶片宽（厘米）	9.9
叶柄长（厘米）	2.8	叶面特征	微皱	首花节位	9
花冠颜色	白	花药颜色	黄	花柱颜色	白
花柱长度	短于雄蕊	花梗着生状态	下垂	青熟果色	绿
果面棱沟	深	果面光泽	有	商品果纵径（厘米）	5.2
商品果横径（厘米）	3.4	果梗长度（厘米）	3.8	果形	不规则形
果肉厚（厘米）	0.20	老熟果色	红色	辣味	极辣

彩图 8-34 CC24（刘子记 摄）

12. CC26

种质名称			CC26		
子叶颜色	浅绿	株型	半直立	株高（厘米）	39.5
株幅（厘米）	44.5	分枝类型	无限分枝	主茎色	深绿
茎茸毛	稀	叶形	长卵圆	叶色	深绿
叶缘	全缘	叶片长（厘米）	13.5	叶片宽（厘米）	7.1
叶柄长（厘米）	3.3	叶面特征	微皱	首花节位	9
花冠颜色	白	花药颜色	黄	花柱颜色	白
花柱长度	短于雄蕊	花梗着生状态	下垂	青熟果色	绿
果面棱沟	深	果面光泽	有	商品果纵径（厘米）	5.9
商品果横径（厘米）	3.2	果梗长度（厘米）	4.4	果形	不规则形
果肉厚（厘米）	0.19	老熟果色	黄色	辣味	极辣

彩图 8-35　CC26（刘子记　摄）

13. CC27

种质名称					CC27
子叶颜色	浅绿	株型	半直立	株高（厘米）	45.1
株幅（厘米）	48.5	分枝类型	无限分枝	主茎色	深绿
茎茸毛	无	叶形	长卵圆	叶色	深绿
叶缘	全缘	叶片长（厘米）	15.9	叶片宽（厘米）	9.0
叶柄长（厘米）	4.7	叶面特征	微皱	首花节位	10
花冠颜色	白	花药颜色	黄	花柱颜色	白
花柱长度	短于雄蕊	花梗着生状态	下垂	青熟果色	绿
果面棱沟	深	果面光泽	有	商品果纵径（厘米）	4.8
商品果横径（厘米）	2.4	果梗长度（厘米）	3.6	果形	不规则形
果肉厚（厘米）	0.19	老熟果色	浅黄	辣味	极辣

彩图 8-36　CC27（刘子记　摄）

14. CC30

种质名称					CC30	
子叶颜色	浅绿	株型	半直立	株高（厘米）		48.3
株幅（厘米）	43.2	分枝类型	无限分枝	主茎色		深绿
茎茸毛	稀	叶形	长卵圆	叶色		深绿
叶缘	全缘	叶片长（厘米）	15.0	叶片宽（厘米）		8.6
叶柄长（厘米）	3.8	叶面特征	微皱	首花节位		8
花冠颜色	白	花药颜色	黄	花柱颜色		白
花柱长度	短于雄蕊	花梗着生状态	下垂	青熟果色		深绿
果面棱沟	浅	果面光泽	有	商品果纵径（厘米）		1.5
商品果横径（厘米）	1.5	果梗长度（厘米）	3.0	果形		灯笼形
果肉厚（厘米）	0.18	老熟果色	浅黄	辣味		极辣

彩图 8-37 CC30（刘子记 摄）

15. CC33

种质名称				CC33	
子叶颜色	浅绿	株型	半直立	株高（厘米）	45.0
株幅（厘米）	51.1	分枝类型	无限分枝	主茎色	深绿
茎茸毛	稀	叶形	长卵圆	叶色	深绿
叶缘	全缘	叶片长（厘米）	16.2	叶片宽（厘米）	11.9
叶柄长（厘米）	5.1	叶面特征	微皱	首花节位	11
花冠颜色	白	花药颜色	黄	花柱颜色	白
花柱长度	短于雄蕊	花梗着生状态	下垂	青熟果色	绿
果面棱沟	深	果面光泽	有	商品果纵径（厘米）	6.1
商品果横径（厘米）	3.1	果梗长度（厘米）	3.2	果形	不规则形
果肉厚（厘米）	0.17	老熟果色	浅黄	辣味	辣

彩图 8-38　CC33（刘子记　摄）

16. CN4

种质名称			CN4		
子叶颜色	浅绿	株型	半直立	株高（厘米）	50.0
株幅（厘米）	47.5	分枝类型	无限分枝	主茎色	绿
茎茸毛	无	叶形	披针形	叶色	深绿
叶缘	全缘	叶片长（厘米）	13.0	叶片宽（厘米）	6.0
叶柄长（厘米）	5.5	叶面特征	微皱	首花节位	8
花冠颜色	白	花药颜色	蓝	花柱颜色	白
花柱长度	短于雄蕊	花梗着生状态	下垂	青熟果色	绿
果面棱沟	无	果面光泽	有	商品果纵径（厘米）	20.9
商品果横径（厘米）	2.8	果梗长度（厘米）	4.8	果形	长羊角形
果肉厚（厘米）	0.23	老熟果色	红色	辣味	微辣

彩图 8-39　CN4（刘子记　摄）

17. CN8

种质名称			CN8		
子叶颜色	浅绿	株型	半直立	株高（厘米）	55.0
株幅（厘米）	41.5	分枝类型	无限分枝	主茎色	绿
茎茸毛	密	叶形	披针形	叶色	深绿
叶缘	全缘	叶片长（厘米）	11.0	叶片宽（厘米）	5.0
叶柄长（厘米）	6.5	叶面特征	微皱	首花节位	11
花冠颜色	白	花药颜色	蓝	花柱颜色	白
花柱长度	长于雄蕊	花梗着生状态	下垂	青熟果色	绿
果面棱沟	无	果面光泽	有	商品果纵径（厘米）	16.4
商品果横径（厘米）	1.8	果梗长度（厘米）	5.2	果形	线形
果肉厚（厘米）	0.18	老熟果色	红色	辣味	辣

彩图 8-40　CN8（刘子记　摄）

18. CN9

种质名称		CN9			
子叶颜色	浅绿	株型	半直立	株高（厘米）	62.5
株幅（厘米）	48.5	分枝类型	无限分枝	主茎色	绿
茎茸毛	密	叶形	披针形	叶色	深绿
叶缘	全缘	叶片长（厘米）	11.0	叶片宽（厘米）	5.5
叶柄长（厘米）	6.5	叶面特征	微皱	首花节位	11
花冠颜色	白	花药颜色	紫	花柱颜色	白
花柱长度	长于雄蕊	花梗着生状态	下垂	青熟果色	绿
果面棱沟	无	果面光泽	有	商品果纵径（厘米）	5.4
商品果横径（厘米）	1.4	果梗长度（厘米）	3.1	果形	短指形
果肉厚（厘米）	0.13	老熟果色	红色	辣味	辣

彩图 8-41　CN9（刘子记　摄）

19. CN11

种质名称		CN11		
子叶颜色	浅绿	株型	半直立	株高（厘米）	60.0
株幅（厘米）	60.0	分枝类型	无限分枝	主茎色	绿带紫条
茎茸毛	无	叶形	披针形	叶色	深绿
叶缘	全缘	叶片长（厘米）	10.5	叶片宽（厘米）	5.8
叶柄长（厘米）	5.5	叶面特征	微皱	首花节位	11
花冠颜色	白	花药颜色	紫	花柱颜色	白
花柱长度	长于雄蕊	花梗着生状态	下垂	青熟果色	绿
果面棱沟	无	果面光泽	有	商品果纵径（厘米）	10.5
商品果横径（厘米）	2.6	果梗长度（厘米）	4.9	果形	短牛角形
果肉厚（厘米）	0.31	老熟果色	红色	辣味	微辣

彩图 8-42　CN11（刘子记　摄）

20. CN12

种质名称			CN12		
子叶颜色	浅绿	株型	半直立	株高（厘米）	75.0
株幅（厘米）	57.0	分枝类型	无限分枝	主茎色	绿带紫条
茎茸毛	无	叶形	披针形	叶色	深绿
叶缘	全缘	叶片长（厘米）	11.0	叶片宽（厘米）	5.0
叶柄长（厘米）	6.5	叶面特征	微皱	首花节位	11
花冠颜色	白	花药颜色	紫	花柱颜色	白
花柱长度	长于雄蕊	花梗着生状态	下垂	青熟果色	绿
果面棱沟	无	果面光泽	有	商品果纵径（厘米）	6.7
商品果横径（厘米）	1.8	果梗长度（厘米）	3.2	果形	短指形
果肉厚（厘米）	0.10	老熟果色	红色	辣味	微辣

彩图 8-43　CN12（刘子记　摄）

21. CN13

种质名称				CN13	
子叶颜色	浅绿	株型	半直立	株高（厘米）	72.5
株幅（厘米）	70.0	分枝类型	无限分枝	主茎色	深绿
茎茸毛	无	叶形	披针形	叶色	深绿
叶缘	全缘	叶片长（厘米）	11.0	叶片宽（厘米）	5.0
叶柄长（厘米）	6.5	叶面特征	微皱	首花节位	14
花冠颜色	白	花药颜色	紫	花柱颜色	白
花柱长度	长于雄蕊	花梗着生状态	下垂	青熟果色	绿
果面棱沟	无	果面光泽	有	商品果纵径（厘米）	8.4
商品果横径（厘米）	2.3	果梗长度（厘米）	3.5	果形	短牛角形
果肉厚（厘米）	0.14	老熟果色	红色	辣味	微辣

彩图 8-44　CN13（刘子记　摄）

22. CN14

种质名称			CN14		
子叶颜色	浅绿	株型	半直立	株高（厘米）	63.5
株幅（厘米）	62.0	分枝类型	无限分枝	主茎色	绿
茎茸毛	无	叶形	披针形	叶色	深绿
叶缘	全缘	叶片长（厘米）	15.0	叶片宽（厘米）	7.2
叶柄长（厘米）	8.5	叶面特征	微皱	首花节位	9
花冠颜色	白	花药颜色	蓝	花柱颜色	白
花柱长度	短于雄蕊	花梗着生状态	下垂	青熟果色	浅绿
果面棱沟	无	果面光泽	有	商品果纵径（厘米）	17.2
商品果横径（厘米）	3.5	果梗长度（厘米）	4.7	果形	长牛角形
果肉厚（厘米）	0.41	老熟果色	红色	辣味	微辣

彩图 8-45　CN14（刘子记　摄）

23. CN16

种质名称				CN16	
子叶颜色	浅绿	株型	半直立	株高（厘米）	55.0
株幅（厘米）	60.0	分枝类型	无限分枝	主茎色	绿
茎茸毛	无	叶形	披针形	叶色	深绿
叶缘	全缘	叶片长（厘米）	14.0	叶片宽（厘米）	7.7
叶柄长（厘米）	9.0	叶面特征	微皱	首花节位	10
花冠颜色	白	花药颜色	蓝	花柱颜色	白
花柱长度	短于雄蕊	花梗着生状态	下垂	青熟果色	绿
果面棱沟	浅	果面光泽	有	商品果纵径（厘米）	14.6
商品果横径（厘米）	6.2	果梗长度（厘米）	5.4	果形	长牛角形
果肉厚（厘米）	0.36	老熟果色	红色	辣味	微辣

彩图 8-46 CN16（刘子记 摄）

24. CN20

种质名称				CN20	
子叶颜色	浅绿	株型	开展	株高（厘米）	50.0
株幅（厘米）	50.0	分枝类型	无限分枝	主茎色	绿
茎茸毛	无	叶形	披针形	叶色	深绿
叶缘	全缘	叶片长（厘米）	4.6	叶片宽（厘米）	4.6
叶柄长（厘米）	8.0	叶面特征	微皱	首花节位	11
花冠颜色	白	花药颜色	蓝	花柱颜色	白
花柱长度	短于雄蕊	花梗着生状态	下垂	青熟果色	绿
果面棱沟	无	果面光泽	有	商品果纵径（厘米）	12.9
商品果横径（厘米）	2.7	果梗长度（厘米）	3.5	果形	长牛角形
果肉厚（厘米）	0.23	老熟果色	红色	辣味	微辣

彩图 8-47　CN20（刘子记　摄）

25. CNS17

种质名称				CNS17		
子叶颜色	浅绿	株型	半直立	株高（厘米）		64.8
株幅（厘米）	51.5	分枝类型	无限分枝	主茎色		浅绿
茎茸毛	无	叶形	长卵圆	叶色		绿
叶缘	全缘	叶片长（厘米）	13.3	叶片宽（厘米）		6.5
叶柄长（厘米）	7.7	叶面特征	微皱	首花节位		7
花冠颜色	白	花药颜色	蓝	花柱颜色		白
花柱长度	短于雄蕊	花梗着生状态	下垂	青熟果色		黄绿
果面棱沟	浅	果面光泽	有	商品果纵径（厘米）		9.1
商品果横径（厘米）	5.9	果梗长度（厘米）	2.3	果形		长灯笼形
果肉厚（厘米）	0.72	老熟果色	黄色	辣味		无辣味

彩图 8-48　CNS17（刘子记　摄）

26. CNS56

种质名称			CNS56		
子叶颜色	浅绿	株型	半直立	株高（厘米）	47.0
株幅（厘米）	64.0	分枝类型	无限分枝	主茎色	绿
茎茸毛	无	叶形	长卵圆	叶色	绿
叶缘	全缘	叶片长（厘米）	16.5	叶片宽（厘米）	9.4
叶柄长（厘米）	11.0	叶面特征	微皱	首花节位	5
花冠颜色	白	花药颜色	黄	花柱颜色	白
花柱长度	短于雄蕊	花梗着生状态	下垂	青熟果色	绿
果面棱沟	中	果面光泽	有	商品果纵径（厘米）	13.3
商品果横径（厘米）	9.0	果梗长度（厘米）	3.5	果形	方灯笼形
果肉厚（厘米）	0.91	老熟果色	红色	辣味	无辣味

彩图 8-49　CNS56（刘子记　摄）

27. CNS80

种质名称		CNS80			
子叶颜色	浅绿	株型	半直立	株高（厘米）	50.0
株幅（厘米）	42.0	分枝类型	无限分枝	主茎色	绿带紫条纹
茎茸毛	无	叶形	长卵圆	叶色	绿
叶缘	全缘	叶片长（厘米）	14.8	叶片宽（厘米）	7.5
叶柄长（厘米）	8.5	叶面特征	微皱	首花节位	6
花冠颜色	白	花药颜色	蓝	花柱颜色	白
花柱长度	短于雄蕊	花梗着生状态	下垂	青熟果色	绿
果面棱沟	浅	果面光泽	有	商品果纵径（厘米）	7.9
商品果横径（厘米）	7.4	果梗长度（厘米）	4.1	果形	方灯笼形
果肉厚（厘米）	0.70	老熟果色	黄色	辣味	无辣味

彩图 8-50　CNS80（刘子记　摄）

28. CNS104

种质名称			CNS104		
子叶颜色	浅绿	株型	半直立	株高（厘米）	52.0
株幅（厘米）	50.0	分枝类型	无限分枝	主茎色	绿带紫条纹
茎茸毛	无	叶形	长卵圆	叶色	深绿
叶缘	全缘	叶片长（厘米）	12.0	叶片宽（厘米）	6.2
叶柄长（厘米）	6.5	叶面特征	微皱	首花节位	8
花冠颜色	白	花药颜色	蓝	花柱颜色	白
花柱长度	短于雄蕊	花梗着生状态	下垂	青熟果色	绿
果面棱沟	中	果面光泽	有	商品果纵径（厘米）	7.7
商品果横径（厘米）	7.1	果梗长度（厘米）	3.6	果形	方灯笼形
果肉厚（厘米）	0.55	老熟果色	红色	辣味	无辣味

彩图 8-51　CNS104（刘子记　摄）

29. CNS127

种质名称				CNS127	
子叶颜色	浅绿	株型	半直立	株高（厘米）	42.0
株幅（厘米）	50.0	分枝类型	无限分枝	主茎色	绿
茎茸毛	无	叶形	长卵圆	叶色	深绿
叶缘	全缘	叶片长（厘米）	16.0	叶片宽（厘米）	7.8
叶柄长（厘米）	7.5	叶面特征	微皱	首花节位	7
花冠颜色	白	花药颜色	蓝	花柱颜色	白
花柱长度	短于雄蕊	花梗着生状态	下垂	青熟果色	深绿
果面棱沟	中	果面光泽	有	商品果纵径（厘米）	8.5
商品果横径（厘米）	8.8	果梗长度（厘米）	4.9	果形	方灯笼形
果肉厚（厘米）	0.64	老熟果色	黄色	辣味	无辣味

彩图 8-52 CNS127（刘子记 摄）

30. CNS199

种质名称			CNS199		
子叶颜色	浅绿	株型	半直立	株高（厘米）	50.0
株幅（厘米）	47.0	分枝类型	无限分枝	主茎色	浅绿
茎茸毛	无	叶形	长卵圆	叶色	绿
叶缘	全缘	叶片长（厘米）	17.0	叶片宽（厘米）	7.5
叶柄长（厘米）	11.5	叶面特征	微皱	首花节位	7
花冠颜色	白	花药颜色	紫	花柱颜色	白
花柱长度	短于雄蕊	花梗着生状态	下垂	青熟果色	紫色
果面棱沟	中	果面光泽	有	商品果纵径（厘米）	11.1
商品果横径（厘米）	5.3	果梗长度（厘米）	4.3	果形	长灯笼形
果肉厚（厘米）	0.41	老熟果色	红色	辣味	无辣味

彩图 8-53　CNS199（刘子记　摄）

附表 A 辣椒病虫害防治登记农药

病虫害种类	药剂名称	单位使用剂量（浓度）与方法（亩用量）
疫病	687.5 克/升氟菌·霜霉威悬浮剂	13～20 毫升，喷雾
	53％烯酰·代森联水分散粒剂	180～200 克，喷雾
	18.7％烯酰·吡唑酯水分散粒剂	100～125 克，喷雾
	47％烯酰·唑嘧菌悬浮剂	60～80 毫升，喷雾
	60％唑醚·代森联水分散粒剂	40～100 克，喷雾
	68％精甲霜·锰锌水分散粒剂	100～120 克，喷雾
	440 克/升精甲·百菌清悬浮剂	97.5～120 毫升，喷雾
	52.5％噁酮·霜脲氰水分散粒剂	35～45 克，喷雾
	50％锰锌·氟吗啉可湿性粉剂	60～100 克，喷雾
	34％氟啶·嘧菌酯悬浮剂	25～35 毫升，喷雾
	10％氟噻唑吡乙酮可分散油悬浮剂	13～20 毫升，喷雾
	80％代森锰锌可湿性粉剂	150～210 克，喷雾
	500 克/升氟啶胺悬浮剂	25～33 克，喷雾
	23.4％双炔酰菌胺悬浮剂	20～40 毫升，喷雾
	1％申嗪霉素悬浮剂	80～120 克，喷雾
	100 亿 CFU/毫升枯草芽孢杆菌悬浮剂	100～200 毫升，喷雾
	50％唑醚·喹啉铜水分散粒剂	10～24 克，喷雾
	51.9％霜霉·精甲霜可溶液剂	60～80 毫升，喷雾
	37.5％氢氧化铜悬浮剂	36～52 毫升，喷雾
炭疽病	30％苯甲·吡唑酯悬浮剂	20～25 毫升，喷雾
	25％苯甲·吡唑酯悬浮剂	1 000～2 000 倍液,喷雾
	30％苯甲·嘧菌酯悬浮剂	30～50 毫升，喷雾
	325 克/升苯甲·嘧菌酯悬浮剂	20～50 毫升，喷雾
	16％二氰·吡唑酯悬浮剂	90～120 毫升，喷雾
	20％二氰·吡唑酯悬浮剂	50～60 毫升，喷雾
	30％唑醚·戊唑醇悬浮剂	60～70 毫升，喷雾
	40％氟啶·嘧菌酯悬浮剂	50～60 毫升，喷雾
	43％氟菌·肟菌酯悬浮剂	20～30 毫升，喷雾

（续）

病虫害 种类	药剂名称	单位使用剂量（浓度） 与方法（亩用量）
炭疽病	42.4%唑醚·氟酰胺悬浮剂	20～26.7毫升，喷雾
	75%戊唑·嘧菌酯水分散粒剂	10～15克，喷雾
	560克/升嘧菌·百菌清悬浮剂	80～120毫升，喷雾
	75%肟菌·戊唑醇水分散粒剂	10～15克，喷雾
	500克/升氟啶胺悬浮剂	30～35毫升，喷雾
	22.5%啶氧菌酯悬浮剂	25～30毫升，喷雾
	10%苯醚甲环唑水分散粒剂	65～80克，喷雾
	80%代森锰锌可湿性粉剂	150～210克，喷雾
	30%唑醚·戊唑醇悬浮剂	60～70毫升，喷雾
	48%喹啉·噻灵悬浮剂	30～40毫升，喷雾
	500克/升氟啶胺悬浮剂	25～35毫升，喷雾
病毒病	0.06%甾烯醇微乳剂	30～60毫升，喷雾
	0.5%香菇多糖水剂	300～400毫升，喷雾
	2%宁南霉素水剂	300～417毫升，喷雾
	8%宁南霉素水剂	75～104毫升，喷雾
	5%氨基寡糖素水剂	35～50毫升，喷雾
	24%混脂·硫酸铜水乳剂	78～117毫升，喷雾
	30%混脂·硫酸铜水乳剂	40～50毫升，喷雾
	20%吗胍·乙酸铜可湿性粉剂	120～150克，喷雾
	1.2%辛菌胺醋酸盐水剂	200～300毫升，喷雾
	1.8%辛菌胺醋酸盐水剂	400～600倍液，喷雾
	13.7%苦参·硫黄水剂	133～200毫升，喷雾
	6%烯·羟·硫酸铜、可湿性粉剂	20～40克，喷雾
	20%吗胍·硫酸铜水剂	60～100毫升，喷雾
	2.8%烷醇·硫酸铜悬浮剂	82.1～125毫升，喷雾
	50%氯溴异氰尿酸可溶粉剂	60～70克，喷雾
	5%几丁寡糖素醋酸盐可溶液剂	40～50毫升，喷雾
	2%香菇多糖水剂	65～80毫升，喷雾

附表 A　辣椒病虫害防治登记农药

（续）

病虫害种类	药剂名称	单位使用剂量（浓度）与方法（亩用量）
白粉病	12%苯甲·氟酰胺悬浮剂	40～67 毫升，喷雾
	25%咪鲜胺乳油	50～62.5 毫升，喷雾
	30%啶氧菌酯·戊唑醇悬浮剂	24～36 毫升，喷雾
灰霉病	50%咪鲜胺锰盐可湿性粉剂	30～40 克，喷雾
茎基腐病	2 亿个孢子/克木霉菌可湿性粉剂	4～6 克/米²，喷雾
立枯病	30%多·福可湿性粉剂	10～15 克/米²，苗床拌土
	0.1%吡唑嘧菌酯颗粒剂	35～50 克/米²，苗床撒施
	1%丙环·嘧菌酯颗粒剂	600～1 000 克/米³，基质拌药
	2.4%井冈霉素水剂	4～6 毫升/米²，泼浇
	3%井冈霉素水剂	3～5 毫升/米²，泼浇
	4%井冈霉素水剂	3～4 毫升/米²，泼浇
	5%井冈霉素水剂	2～3 毫升/米²，泼浇
	8%井冈霉素水剂	1.2～1.8 毫升/米²，泼浇
	13%井冈霉素水剂	0.8～1 毫升/米²，泼浇
	24%井冈霉素水剂	0.4～0.6 毫升/米²，泼浇
	8%噁霉灵水剂	9.375～13.125 克/米²，泼浇
	15%噁霉灵水剂	5～7 克/米²，泼浇
	30%噁霉灵水剂	2.5～3.5 毫升/米²，泼浇
	50%异菌脲可湿性粉剂	2～4 克/米²，泼浇
	0.6%精甲·噁霉灵颗粒剂	4 000～5 000 克，撒施
猝倒病	0.6%精甲·噁霉灵颗粒剂	4 000～5 000 克撒施
烟粉虱	19%溴氰虫酰胺悬浮剂	4.1～5 毫升/米²，苗床喷淋
	50 克/升双丙环虫酯可分散液剂	55～65 毫升，喷雾
	75 克/升阿维菌素·双丙环虫酯可分散液剂	45～53 毫升，喷雾
	22%螺虫·噻虫啉悬浮剂	30～40 克，喷雾
	10%溴氰虫酰胺悬乳剂	40～50 毫升，喷雾

（续）

病虫害 种类	药剂名称	单位使用剂量（浓度） 与方法（亩用量）
白粉虱	22%联苯·噻虫嗪悬浮剂	20～40毫升，喷雾
	22%噻虫·高氯氟微囊悬浮－悬浮剂	5～10毫升，喷雾
	25%噻虫嗪水分散粒剂	喷雾7～15克；灌根 360～600克，2 000～ 4 000倍液，喷雾
蚜虫	10%溴氰虫酰胺悬乳剂	30～40毫升，喷雾
	14%氯虫·高氯氟微囊悬浮－悬浮剂	15～20毫升，喷雾
	1.5%苦参碱可溶液剂	30～40毫升，喷雾
红蜘蛛	0.5%藜芦碱可溶液剂	120～140克，喷雾
茶黄螨	43%联苯肼酯悬浮剂	20～30毫升，喷雾
蓟马	19%溴氰虫酰胺悬浮剂	3.8～4.7毫升/米^2， 苗床喷淋
	150亿个孢子/克球孢白僵菌可湿性粉剂	160～200克，喷雾
	21%噻虫嗪悬浮剂	10～18毫升，喷雾
	10%溴氰虫酰胺悬乳剂	40～50毫升，喷雾
	0.5克/升噻虫嗪可溶液剂	4 000～5 000毫升，冲施
烟青虫	16 000 IU/毫克苏云金杆菌可湿性粉剂	100～150克，喷雾
	32 000 IU/毫克苏云金杆菌可湿性粉剂	50～75克，喷雾
	600亿 PIB/克棉铃虫核型多角体病毒水分散粒剂	2～4克，喷雾
	0.5%甲氨基阿维菌素苯甲酸盐微乳剂	20～40毫升，喷雾
	1%甲氨基阿维菌素苯甲酸盐微乳剂	10～20毫升，喷雾
	2%甲氨基阿维菌素苯甲酸盐微乳剂	5～10毫升，喷雾
	3%甲氨基阿维菌素苯甲酸盐微乳剂	3～7毫升，喷雾
	5%甲氨基阿维菌素苯甲酸盐微乳剂	2～4毫升，喷雾
	4.5%高效氯氰菊酯乳油	35～50毫升，喷雾
	14%氯虫·高氯氟微囊悬浮－悬浮剂	15～20毫升，喷雾
	200克/升四唑虫酰胺悬浮剂	7.5～10毫升，喷雾

（续）

病虫害种类	药剂名称	单位使用剂量（浓度）与方法（亩用量）
甜菜夜蛾	19%溴氰虫酰胺悬浮剂	2.4～2.9 毫升/米^2，苗床喷淋
	1%苦皮藤素水乳剂	90～120 毫升，喷雾
	300 亿 PIB/克甜菜夜蛾核型多角体病毒水分散粒剂	2～5 克，喷雾
	30 亿 PIB/毫升甜菜夜蛾核型多角体病毒悬浮剂	20～30 毫升，喷雾
	5%氯虫苯甲酰胺悬浮剂	20～60 毫升，喷雾
	5 亿 PIB/毫升甜菜夜蛾核型多角体病毒悬浮剂	140～180 毫升，喷雾
	8%甲氨基阿维菌素水分散粒剂	3～4 克，喷雾

附录 B 禁限用农药名录

一、禁止（停止）使用的农药（46 种）

六六六、滴滴涕、毒杀芬、二溴氯丙烷、杀虫脒、二溴乙烷、除草醚、艾氏剂、狄氏剂、汞制剂、砷类、铅类、敌枯双、氟乙酰胺、甘氟、毒鼠强、氟乙酸钠、毒鼠硅、甲胺磷、对硫磷、甲基对硫磷、久效磷、磷胺、苯线磷、地虫硫磷、甲基硫环磷、磷化钙、磷化镁、磷化锌、硫线磷、蝇毒磷、治螟磷、特丁硫磷、氯磺隆、胺苯磺隆、甲磺隆、福美胂、福美甲胂、三氯杀螨醇、林丹、硫丹、溴甲烷、氟虫胺、杀扑磷、百草枯、2,4-滴丁酯。

注：氟虫胺自 2020 年 1 月 1 日起禁止使用。百草枯可溶胶剂自 2020 年 9 月 26 日起禁止使用。2，4-滴丁酯自 2023 年 1 月 29 日起禁止使用。溴甲烷可用于"检疫熏蒸处理"。杀扑磷已无制剂登记。

二、部分范围禁止使用的农药（20 种）

通用名	禁止使用范围
甲拌磷、甲基异柳磷、克百威、水胺硫磷、氧乐果、灭多威、涕灭威、灭线磷	禁止在蔬菜、瓜果、茶叶、菌类、中草药材上使用，禁止用于防治卫生害虫，禁止用于水生植物的病虫害防治
甲拌磷、甲基异柳磷、克百威	禁止在甘蔗作物上使用
内吸磷、硫环磷、氯唑磷	禁止在蔬菜、瓜果、茶叶、中草药材上使用
乙酰甲胺磷、丁硫克百威、乐果	禁止在蔬菜、瓜果、茶叶、菌类和中草药材上使用
毒死蜱、三唑磷	禁止在蔬菜上使用
丁酰肼（比久）	禁止在花生上使用
氰戊菊酯	禁止在茶叶上使用
氟虫腈	禁止在所有农作物上使用（玉米等部分旱田种子包衣除外）
氟苯虫酰胺	禁止在水稻上使用

来源：农业农村部农药管理司（2019 年）。

参 考 文 献

曹华威，聂中海，严萍，等，2017. 辣椒疮痂病发生规律与防治 [J]. 现代园艺（15）：152.

常海文，杨志刚，胡栓红，等，2021. 辣椒病虫害综合防控技术 [J]. 现代农业（6）：60-61.

陈学军，方荣，周坤华，等，2020. 辣椒新品种'赣椒16号' [J]. 园艺学报，47（S2）：1-2.

程杰，2020. 我国辣椒起源与早期传播考 [J]. 阅江学刊（3）：103-143.

程智慧，2019. 蔬菜栽培学各论 [M]. 北京：科学出版社.

戴冠明，2020. 辣椒高产高效规范化栽培技术 [J]. 农业、农村、农民（11B）：59-60.

邓立文，2012. 辣椒立枯病的症状及防治 [J]. 农民科技培训，（12）：35.

段晓东，2021. 北疆设施辣椒病虫害绿色防控技术 [J]. 农村科技（4）：30-33.

高峰，高姝，刘影，2011. 辣椒病毒病和根结线虫病的发生与综合防治 [J]. 吉林蔬菜（4）：44-45.

高伦江，曾小峰，贺肖寒，等，2019. 辣椒采后贮藏生理及保鲜技术研究进展 [J]. 南方农业，13（1）：96-100.

高小英，2014. 辣椒苗期管理及大田移栽技术要点 [J]. 南方农业，8（13）：14-15.

顾振西，叶海龙，黄丹枫，2020. 航天辣椒新品种生物学特性及农艺性状评价 [J]. 长江蔬菜（14）：44-47.

管清美，任亚梅，任小林，等，2005. 辣椒采后处理方法初步研究 [J]. 水土保持研究，12（13）：74-75.

郝劲松，2020. 辣椒病虫害统防统治与绿色防控 [J]. 现代园艺，43（10）：65-66.

胡彬，李云龙，孙海，等，2020. 京郊设施辣椒病虫害全程绿色防控技术 [J]. 蔬菜温室园艺（12）：65-68.

黄渔生，2014. 辣椒根腐病的发生规律及综合防控技术 [J]. 现代农业科技（9）：147＋150.

黄语燕，刘现，王涛，等，2021. 我国水肥一体化技术应用现状与发展对策 [J]. 安徽农业科学，49（9）：196-199.

江其朋，丁伟，2020. 植物医学的新概念—植物预防医学 [J]. 植物医生，33（1）：1-5.

金晶，张小明，付浩，2021. 贵州省辣椒产业发展现状及建议 [J]. 北方园艺（21）：152-156.

李家贵，余文芹，2013. 辣椒培育壮苗技术 [J]. 农技服务，30（3）：223.

李世斌，2020. 春季塑料大棚辣椒栽培越冬育苗技术［J］. 长江蔬菜（22）：12-13.

李四秀，宋志强，2012. 早春辣椒冬育壮苗技术［N］. 农村百事通（12）：41-42.

李雪峤，王小娟，高芳华，2016. 海南甜椒新品种比较试验［J］. 辣椒杂志（4）36-39.

李宗珍，徐友信，2020. 棚室富硒辣椒绿色栽培技术［J］. 北方园艺（16）：174-176.

梁宝萍，赵红星，姜俊，等，2020. 辣椒新品种驻椒 22 的选育［J］. 中国蔬菜（12）：
89-91.

梁肇均，林毓娥，彭庆务，2017. 提高华南地区蔬菜大棚使用效率的措施［J］. 长江蔬菜
（17）：26-27.

刘夙，2016. 辣椒的起源［J］. 南方人（2）：45-46.

刘春华，覃卫林，许伟，等，2014. 辣椒施肥方案的研究与试验［J］. 南方农业，11（32）：
16-17.

刘继辉，邹春华，徐勋志，2020. 辣椒轻简化栽培技术［J］. 长江蔬菜（23），3.

刘文明，安志信，井立军，等，2005. 辣椒的种类、起源和传播［J］. 辣椒杂志（4）：
17-18.

刘云，2021. 如何培育辣椒壮苗［N］. 河北科技报（5）：1.

卢焕萍，陈蝶聪，王春林，2016. 广东省气象灾害对冬种辣椒生产的影响［J］. 热带农业科
学，36（10）：19-23.

鲁少尉，田婧，李恺，2020. 加工辣椒优质高效栽培技术［J］. 蔬菜（9）：53-56.

罗希榕，邱宁宏，陈小翠，2020. 遵义市辣椒栽培技术及病虫害防治分析［J］. 南方农业，
14（20）：9-11.

骆焱平，杨照东，王兰英，2014. 反季节瓜菜病虫害防治技术［M］. 北京：化学工业出版
社.

吕建华，刘树生，2021. 诱虫作物在害虫治理中的应用［J］. 农业知识（23）：38-41.

吕培娟，王春燕，2021. 大棚温室辣椒栽培新技术及病虫害防治［J］. 农业开发与装备
（1）：227-228.

彭思云，罗燊，谢挺，2019. 我国辣椒产业与大数据融合现状、问题与对策［J］. 辣椒杂志
（3）：35-39.

齐琳，2020. 日光温室辣椒冬春茬栽培技术［J］. 瓜果蔬菜（11）：27-28.

曲宝茹，李红光，崔聪聪，等，2014. 赤峰市大棚甜椒绿将军优质高产栽培技术［J］. 现代
农业科技（13）：100-101.

冉隆俊，耿广东，何朝荣，2021. 贵州辣椒炭疽病发生现状及其防治措施［J］. 农技服务，
38（12）：52-54.

饶卫华，敖礼林，余增刚，2017. 辣椒整枝打杈的作用与方法［J］. 蔬菜栽培（8）：27-28.

申爱民，赵春梅，胡京昂，2012. 茄果类蔬菜病虫防治原色图谱［M］. 郑州：河南科学技
术出版社.

苏家秀，苏礼江，2021. 辣椒种植技术及病虫害防治［J］. 广东蚕业，55（11）：71-72.

孙茜，潘阳，2016. 辣（甜）疑难杂症图片对照诊断与处方［M］. 北京：中国农业出版

社.

谭家平，2020. 辣椒病虫害实用防控技术浅析［J］. 南方农业，14（6）：31-32.

唐瑞永，程凤林，高辰发，2020. 辣椒新品种天椒 21 号的选育［J］. 中国蔬菜（12）：
　92-94.

王春华，2021 蔬菜大棚种植与病虫害防治策略——以大棚辣椒为例［J］. 世界热带农业信
　息（9）：3-4.

王久兴，宋士清，2011. 图说辣椒栽培关键技术［M］. 北京：中国农业出版社.

王立浩，张宝玺，张正海，等，2021. "十三五"我国辣椒育种研究进展、产业现状及展望
　［J］. 中国蔬菜（2）：21-29.

王学国，2013. 辣椒生长发育对环境条件的要求［N］. 吉林农村报（3）：1.

王学国，2020. 辣椒育壮苗的关键技术［N］. 吉林农村报（3）：1.

王志和，于丽艳，李建永，等，2011. 大棚辣椒栽培答疑［M］. 山东：山东科学技术出版
　社.

温润，2020. 辣椒主要病虫害的防治［J］. 湖南农业（2）：16.

文红艳，2020 无公害辣椒病虫害防控技术探析［J］. 种子科技，38（8）：60-61.

吴晓波，2002. 大棚、温室内光、温、水、气的调控技术［J］. 农村经济与科技，4
　（13）：16.

向琳娜，聂莉莎，杨鸥，等，2021. 湖南辣椒主要病虫害绿色防控技术［J］. 长江蔬菜
　（11）：52-54.

肖日新，何阳，2017. 南方设施大棚的设计建造与棚内降温措施［J］. 长江蔬菜（16）：
　19-20.

徐建光，李曦阳，徐少锋，2020. 张家港地区设施辣椒绿色高效栽培技术［J］上海蔬菜
　（5）44-45.

徐倩，王远亮，2021. 辣椒栽培新技术及病虫害防治措施初探［J］. 农业开发与装备（11）：
　205-206.

杨威，2020. 厦门地区大棚辣椒主要病虫害发生规律及绿色防控措施［J］. 植物保护学
　（22）：98-100.

杨林艳，2020. 大棚辣椒病虫害绿色综合防控技术探究［J］. 南方农业，14（9）：19-20.

杨莎，2021. 辣椒病虫害的绿色防控［J］. 湖南农业（5）：16.

尹延旭，李宁，王飞，等，2020. 辣椒新品种'鄂椒墨丽'［J］. 园艺学报，47（S2）：1-2.

袁锋，2016. 农业昆虫学［M］. 北京：中国农业出版社.

张蕾，霍治国，黄大鹏，等，2014. 海南冬季主要瓜菜寒害风险区划［J］. 中国生态农业学
　报，22（10）：1240-1251.

张国广，2022. 辣椒主要病虫害的发生特点及绿色防治技术［J］. 现代农业科技（1）：
　122-123.

张京社，白宇皓，李超，等，2019. 山西省夏秋蔬菜保鲜物流现状及发展策略［J］. 中国果
　菜，39（8）：16-20.

张彦萍，贾兵国，2012. 辣椒安全优质高效栽培技术［M］. 北京：化学工业出版社 .

赵文戈，肖世盛，2020. 露地红辣椒减肥减药栽培技术［J］. 中国蔬菜（11）：111-112.

赵志永，朱明，李冀新，等，2018. 鲜食辣椒贮藏保鲜技术［J］. 食品加工（4）：39-40.

周桂丽，王凤华，贾效花，2021. 辣椒种植技术与病虫害防治方法探讨［J］. 种子科技，39
（6）：33-34.

周海波，陈巨莲，程登发，等，2021. 农田生物多样性对昆虫的生态调控作用［J］. 植物保
护，38（10）：6-10.

周晓静，王虹，马琳静，等，2021. 南阳辣椒病毒病的发生与防治技术［J］. 农业科技通讯
（11）：299-301.

朱花芳，曹春信，袁名安，等，2012. 辣椒几种叶部病害的识别要点与防治措施［J］. 农业
灾害研究，2（7）：12-14.

彩图 2-1　辣椒幼苗期（罗劲梅　摄）

彩图 2-2　开花坐果期（罗劲梅　摄）

彩图 2-3　辣椒结果期（罗劲梅　摄）

彩图 3-1　辣椒定植（罗劲梅　摄）

彩图 4-1　种植玉米诱集害虫（罗劲梅　摄）

彩图 4-2　太阳能杀虫灯（罗劲梅　摄）

彩图 4-3　防虫网、昆虫性信息素诱捕器防控虫害（罗劲梅　摄）

彩图 4-4　黄蓝板诱杀害虫（罗劲梅　摄）

彩图 4-5　使用可降解地膜（罗劲梅　摄）

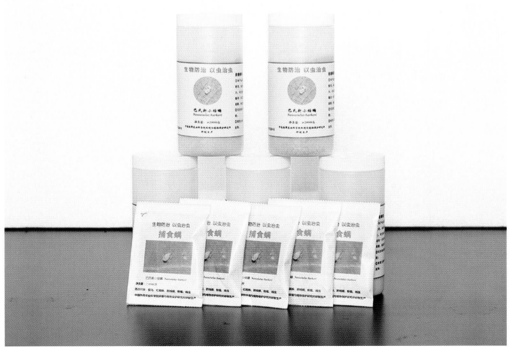

彩图 4-6　巴氏新小绥螨和捕食螨（陈俊谕　摄）

彩图 4-7　茶黄螨危害叶片和果实（*龙海波　摄*）

彩图 4-8　白粉虱危害叶片（*龙海波　摄*）

彩图 4-9　烟青虫危害果实（龙海波　摄）

彩图 4-10　蓟马危害辣椒嫩叶和花朵（罗劲梅　摄）

彩图 4-11　辣椒疫病症状（龙海波　摄）

彩图 4-12　辣椒疮痂病症状（龙海波　摄）

彩图 4-13　辣椒炭疽病症状（龙海波　摄）

彩图 4-14　辣椒枯萎病症状（龙海波　摄）

彩图 4-15　辣椒白粉病症状（龙海波　摄）

彩图 4-16　辣椒细菌性叶斑病症状（龙海波　摄）

彩图 4-17　辣椒青枯病症状（龙海波　摄）

彩图 4-18　辣椒青枯病症状（罗劲梅　摄）

彩图 4-19　辣椒叶枯病症状（龙海波　摄）

彩图 4-20　椒根结线虫症状（龙海波　摄）

彩图 4-21　辣椒根腐病症状（龙海波　摄）

彩图 4-22　辣椒白星病症状（龙海波　摄）

彩图 4-23　辣椒病毒病引起落花落果（罗劲梅　摄）

彩图 4-24　辣椒病毒病危害叶片症状（龙海波　摄）

彩图 4-25　辣椒白斑病症状（龙海波　摄）

彩图 4-26 辣椒褐腐病症状（龙海波 摄）